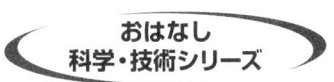
おはなし
科学・技術シリーズ

コンクリートのおはなし
[改訂版]

吉兼 亨 著

日本規格協会

身近なところに大量に用いられているコンクリート

恐竜像（東山動物園：名古屋市）

高さ又は長さ6m〜10mのモルタル造．鉄筋のスケルトンに金網を張り，モルタルを何層かに塗り込めたもの．一部豆砂利も用いられ，砂は荒目で硬練り，少し傷みが出てきたが，1938年完成し（制作に約1年間とも）薄肉のモルタルで60余年にわたって風雨に耐えている貴重なモニュメント．

美しいコンクリートの橋（横向大橋：福島県）
―セメント協会提供―

小樽港北防波堤のコンクリートブロック(下段の水面に近い部分)
—セメント協会提供—

1921年に完成．全長3 556 m．干満の影響を受けながらもほぼ健全な状態を保っている．

東京湾アクアライン．シールドトンネルのコンクリートセグメント覆工
—セメント協会提供—

まえがき

「セメントでできた○○橋が完成し，昨年開通式が行われ3世代の夫婦の渡り初めのあと一般交通に開放されました」という新聞記事をよく目にします．土木や建築の専門家ならばこの記事の間違いは直ちに分かるのですが，一般の方々にはほとんど分かりません．社会資本の充実から人々の生活の場に至るまで，どれだけ多くのコンクリートが使われているかが分からないほどに用いられ，人目に触れていながらもマスメディアの理解はこのありさまです．セメントとはコンクリートを作る材料の一つで，それに水，骨材を加えて初めてコンクリートとなるわけです．

一般の方々にとって，セメントの橋であろうとコンクリートの橋といわれようと特に支障が生じることはありませんので，どちらでも構わないと言ってしまえばそれだけのことですが，専門家からすれば，エンドユーザーにぜひ知ってほしい事柄なのです．木材であれば，「我が家は総ひのき作りで，床柱は銘木の○○をわざわざ遠方から取り寄せて作ってもらったんだよ」と自慢されますが，コンクリートはそのような話題になることは全くありません．コンクリートを作る立場からすれば少しわびしい思いがいたします．だが，石材や木材が少なくとも数千年前の古代から使用されているのに比べて，現在のコンクリートはわずか百数十年前から使い始められたに過ぎず，歴史の違いなのかもしれません．しかし，いずれにしても身近なところに大量に用いられているのに，これほど知られていないのもなんとも不思議な話しです．単に一般の人々だけでなく工学系の技術者や学生でも土木，建築を専攻する人以外は，一般の

人々とあまり変わらないことでしょう．

　いや，実際には土木や建築の技術者においてもコンクリートのことが知られなくなってきているのが，現状であると思われます．それは，1950年ごろに日本でも始まったレディーミクストコンクリート（通称：生コンクリート→生コンともいう）が1966年にJISマーク表示許可がなされた商品として出現し，標準化され安定した品質のレディーミクストコンクリートが全国各地どこででも容易に入手できるようになったことに始まります．それまでは，小規模な工事でも現場にミキサーを据え，大規模工事ではコンクリートミキシングプラントまで設置して，コンクリートの打込み当日ともなればお祭りのような騒ぎで，しかも打ち込んだコンクリートの不具合はすべて施工会社の責任であるため，材料，配合，打込み，締固め，養生に関する技術業務がすべて現場で行われたことから，現場技術者には，実務で築かれたコンクリート技術が身についていったわけです．

　ところが，その後現場練りコンクリートがレディーミクストコンクリートに取って代わられることにより，あたかも他の建材と同様にコンクリートも構造体の部品的位置づけとなり，現場技術者はコンクリートに関しては，もはや施工のことのみが分かっていれば良い状態となっていったわけです．

　しかも，その施工も一般的に構造物の大半がコンクリートポンプ車で打込みが行われており，特殊構造物や特殊コンクリートでない限り，コンクリートに関する高度な技術がなくとも容易に施工ができるようになってきています．加えて，最近のように，打込みの信

頼性の向上と，人手不足の解消が目的で開発された高流動コンクリートが普及し始めると，ますますその傾向が強くなりつつあります．それは型枠さえ十分な強度に設置してあれば，仕様書上の制約を除けば，コンクリートの打込みは，物理的にはポンプ車のオペレータ1人でできるわけです．したがってこのような事態になれば，現場技術者のコンクリートに関する知識も配筋，型枠の強度，寸法，コンクリートの仕上がり状況の確認くらいで用が足りることとなり，現場技術者の間でもコンクリート技術収得の必要性の意識が薄らいでいくことになります．

　これは，まことに由々しき情況で，使用目的に応じ50年，100年あるいは数百年にわたる耐久性を必要とされているコンクリート構造物が本当にこのような扱いでよいのでしょうか．技術の合理化が進みフールプルーフとなって，いつ，どこで，だれが，どのようにして作ろうとコンクリート構造物の品質(耐久性を含め)に全く不安がないところまでには，現在のコンクリートに関する技術，システムは到達はしていません．もし，そうなっているのであれば，コンクリートの施工は技術とは無縁のものとなります．もちろんそうなることは技術進歩の目的として理想の一つかもしれませんが，それは今のところ不可能なことです．もちろん多くの研究者や技術者がそうあるべく，多大の努力をしているわけですが，現在でもそのためにもコンクリートに関する技術は非常に大切なことだということになります．

　そのような願いをこめて，コンクリートについて広く理解を深めていただく目的で本書の執筆に取り組んだわけです．著者自身，

1950年ごろの学生アルバイトで実際のコンクリートに触れて以来，わが国のレディーミクストコンクリート業の草創期である1955年ごろにレディーミクストコンクリート工場の試験課員として本格的にコンクリート技術に取り組み，1960年ごろからセメントコンクリート及びアスファルトコンクリートに関する材料，工法などの開発研究や技術サービスを手掛けるようになりました．その間，技術サービスと縁の深い技術クレームの処理は，開発研究と並んでコンクリートの実務を知る非常に良い場でした．また，それによりコンクリート技術が非常に幅広く奥深いことも知りました．その他，環境問題でも1970年代始めからコンクリートに関するリサイクルにも取り組み，コンクリート再生路盤材，再生セメント，再生コンクリートなども手掛けてきました．

　執筆に当たっても，それらの経験もふまえてできるだけ多くの情報を分かりやすくと頑張ったのですが，ページ数にも限界があり，十分に工夫が行き届かなかった点に少し心残りがありますが，広くコンクリートを知っていただくことへのお手伝いができるものと自負しております．今回の改訂でも紙面の許す限り新しい情報を盛り込みました．

　本書の刊行には，日本規格協会営業部の倉田樹部長(初版時)並びに出版課の紺野喜美子さん(初版時)，また，改訂に当たっては書籍出版課の中村悦子さんのご厚情とご支援に負うところが多く，心から厚くお礼申し上げます．

　1996年11月初版，2002年3月改訂

吉　兼　亨

目　　次

まえがき

1章　プロローグ

1.1　コンクリートとは何か……………………………………… 13
　（1）　コンクリートとは ………………………………………… 13
　（2）　コンクリートはいつごろから使われ始めたか ……… 16
　（3）　コンクリートはどうして固まるのか ………………… 19
1.2　コンクリートの種類………………………………………… 22
1.3　コンクリートに関する用語………………………………… 26

2章　コンクリートを作る

2.1　コンクリートの材料構成…………………………………… 31
2.2　フレッシュコンクリートの作り方………………………… 33
2.3　コンクリートの計量・練混ぜ……………………………… 35
2.4　コンクリートの運搬………………………………………… 38
2.5　鉄筋と型枠の組立て………………………………………… 40
2.6　コンクリートの打込み，締固め…………………………… 42
2.7　コンクリートの養生………………………………………… 46

3章　コンクリートの配合

3.1　コンクリートの材料 … 49
 （1）　セメントの種類と機能 … 49
 （2）　水について … 54
 （3）　骨材の種類と物性・機能 … 56
 （4）　混和材料 … 61

3.2　コンクリートの配合 … 64
 （1）　コンクリートの配合は何を基準に決めるのか … 64
 （2）　コンクリートの強度はどうして決める … 68
 （3）　目標強度の決め方 … 70
 （4）　フレッシュコンクリートの軟かさは何で表す … 74
 （5）　単位水量を決める … 75
 （6）　細骨材率を求める … 77
 （7）　単位セメント量を求める … 79
 （8）　連行空気量の設定 … 79
 （9）　単位粗・細骨材量の算出 … 80
 （10）　コンクリートの配合でその他考えること … 82

4章　フレッシュコンクリートの性質

 （1）　ワーカビリティ及びコンシステンシー … 85
 （2）　ブリージング … 86
 （3）　容積変化 … 90
 （4）　初期ひびわれ … 90
 （5）　プラスチック収縮ひびわれ … 90
 （6）　凝結速度 … 91
 （7）　温度上昇 … 92

5章　固まったコンクリートの性質

5.1　固まったコンクリートの各種特性について ………… 95
5.2　力学特性 ………………………………………………… 95
（1）　圧縮強度とその他の強度との関係 …………… 95
（2）　材齢及び温度と強度との関係 ………………… 96
（3）　セメント水比と強度 …………………………… 99
（4）　応力-ひずみ曲線 ………………………………101
（5）　弾性係数 ………………………………………103
（6）　動弾性係数 ……………………………………105
（7）　ポアソン比 ……………………………………105
（8）　クリープ ………………………………………106
5.3　物理・化学的性質 ………………………………………107
（1）　単位体積質量 …………………………………107
（2）　体積変化 ………………………………………109
（3）　熱膨張 …………………………………………110
（4）　乾燥収縮 ………………………………………111
（5）　自己収縮 ………………………………………113
5.4　耐久性にかかわる性質 …………………………………115
（1）　ひびわれ ………………………………………115
（2）　中性化 …………………………………………121
（3）　凍害 ……………………………………………124
（4）　塩害 ……………………………………………127
（5）　アルカリ骨材反応 ……………………………128
（6）　耐化学薬品性 …………………………………132
（7）　耐摩耗性 ………………………………………134

6章　コンクリートの補強

- 6.1　鉄筋コンクリートの生いたち……………………135
- 6.2　鉄筋コンクリート……………………………………136
- 6.3　鋼管コンクリート……………………………………140
- 6.4　プレストレストコンクリート……………………142
- 6.5　その他の補強方法及び材料………………………145

7章　コンクリートの寿命と延命策……………………147

8章　コンクリートの維持・修繕及び補強

- 8.1　鉄筋コンクリート構造物の維持・修繕…………153
  - （1）　鉄筋腐食部分の補修 ………………………154
  - （2）　ひびわれの補修 ……………………………154
  - （3）　破損部の補修 ………………………………154
  - （4）　摩耗部分の補修 ……………………………154
  - （5）　アルカリ骨材反応の抑制 …………………155
- 8.2　耐力補強………………………………………………156
- 8.3　耐震補強………………………………………………158

9章　コンクリートの多様化

- 9.1　プレキャスト化………………………………………167
- 9.2　超高強度化……………………………………………168
- 9.3　高流動コンクリート…………………………………172
- 9.4　スリップフォームコンクリート……………………175
- 9.5　コンポジット化………………………………………176
- 9.6　複合コンクリート……………………………………178

- **9.7 機能性の向上** …………………………………179
- **9.8 コンクリートのリサイクル**…………………………181

10 章　エピローグ―その将来の展望

- **10.1 コンクリートの評価** …………………………189
- **10.2 超々高強度コンクリート** …………………………189
- **10.3 超高耐久コンクリート** …………………………191
- **10.4 超軽量高強度コンクリート** …………………………193
- **10.5 ひびわれ自癒性コンクリート** …………………………194
- **10.6 宇宙コンクリート** …………………………195

引用文献　201
索　　引　205

1章　プロローグ

1.1　コンクリートとは何か

（1）　コンクリートとは

　コンクリートっていったい何だろう．橋，ダムといった巨大なものだけではなく，コンクリート住宅はもとより木造住宅の場合でも，その基礎や，土間にも使われ，中には家屋そのものがコンクリートで作られているケースも少なくありません．よく見れば，そこらじゅうコンクリートだらけなのです．それもそのはず，最近は少し減ったものの最盛期にはわが国では赤ん坊に至るまで国民1人当たりにして約 $1.5 m^3$ のコンクリートが毎年作られていて，取り壊しているものは，約 $0.1 m^3$ に過ぎませんから，コンクリートでできたものは毎年どんどん増え続けているわけです．年間18 000万 m^3 以上に及ぶコンクリート(生コンクリート及び二次製品として)は，仮りに厚さ30 cm，幅22 mの舗装のみに用いるとすれば，その延長は約27 000 kmとなり，わずか1年間で稚内・鹿児島間の6車線幅のコンクリート舗装が10路線でき上がることになります．わが国の高速道路が名神高速道路の開通以来，30年間を経た現在での供用延長が約6 000 kmに達したのと比べますと，いかに膨大な量であるかがご理解いただけると思います．世界最大のクフ王のピラミッド(底辺長230 m×230 m×高さ146 m)ならば毎年約70基を作

ることになり，これを1つのピラミッドとすれば，950 m×950 m×635 m となり，クフ王も真っ青といったところです．

　渓谷にかかる美しいコンクリートのアーチ橋などは，まわりの緑とのコントラストとその構造美が映えて，思い出に残る景観を作り上げているものも少なくありませんが，コンクリート構造物の多くは縁の下の力持ちとしての基礎構造物であったり，時には山肌にお世辞にも美的とはいえない形で広がる擁壁などは，景観破壊の代表として非難され，その役割の重大さが認められずに，イメージダウンをしているケースもあります．そのせいか，これだけ多く使われているにもかかわらずコンクリートは不格好な塊，白い塊というイメージ以外に，木材，石材などの建設資材ほどは，その中味はあまりよく知られていません．

　しかし，インフラ整備の土木・建築工事には，欠かすことのできない基礎資材であり構造体でもあります．鋼材とともに，その主役の座を降りることはいまのところ考えられません．もちろん，コンクリートの用途の一部では他の材料にとって変わられているものも

写真 1.1 シルエットの美しいコンクリートアーチ橋

写真 1.2 美しい曲線を描くアーチダム

ありますが，全体の量からみれば，ごくわずかに過ぎません．中でも鋼材はコンクリートの最大のライバルであるとともに，互いに協力し合った複合体の材料として，すなわち鉄筋コンクリート等として最も多く使用されているのも不思議な縁です．

前置きはこれくらいにして，コンクリートとはいったい何なのかについて触れてみましょう．最も簡単に述べれば，セメントに水を加えれば固まり，再び元には戻らない性質を利用して所望する強さ，形のものを作ることができます．その際，性状の改善と経済性とから，砂利や砂を一緒に混ぜ合わせて固めるもので，一種の人造石です．

コンクリート(concrete)とは，ラテン語のconcretusに由来し，異種材料の結合した固体の一般的な名称です．したがって単にコンクリートといえば種々の結合体のことを指します．一般に水硬性のセメントを用い，水，粗骨材(砂利，砕石など)，細骨材(砂，砕砂など)を加えて混合し硬化したものをセメントコンクリートといい，通常，専門家の間では簡略にコンクリートと呼ばれることが多いのです．これに対してセメントコンクリートに次いで多く用いれらているものに，道路舗装に用いられるアスファルトコンクリートがあります．アスファルト(アスファルトセメントともいわれます)は，水硬性セメントのように粉体でなく粘性体で，加熱により粘度を下げて液状にして，これも加熱して水分を除いた骨材とで混合物を作り，ローラなどで締固め後の冷却(一般に自然放冷)によりアスファルトが固くなりコンクリート化します．これはアスファルトコンクリートと呼ばれ，単にコンクリートと呼ばれることはありません．要するに，使用量が最も多く，用途の広いセメントコンクリートがコンクリートという名称を一人占めしています．したがって，水硬性セメント以外の結合材を用いたコンクリートはその結合材の名称

と組合せで呼んでいます．たとえば，石灰コンクリート，ポリマーコンクリートなどです．

　本書は，このコンクリートについて，その生い立ち，材料，製法，性状，用途，鋼材との複合材としての特徴，将来性など多方面にわたってその概要を述べたものです．なにしろ膨大な用途に用いられ，非常に多くの作り方があり，さらにコンクリートに関する新材料，新工法が次々に出現していますので，可能な限り最新の情報を盛り込んだつもりですが，紙数の都合もあり，詳しく書くことと，数多く扱うこととの両立は難しく，専門家方々には不満の残る内容でしょうが，コンクリートの専門家以外の方々の理解を深めるのに役立つように記述したつもりです．

（2）　コンクリートはいつごろから使われ始めたか

　コンクリートの起源はその結合材の起源ということになりますが，それには2通りの見方があります．一つは結合材として石灰，火山灰などを用いたもので，長期の気硬性反応で硬化する性質の，いわゆる気硬性セメントと称されるものと，工業生産として作り出された水硬性セメントを用いたものとに分けて考えるのが一般的な方法と思われます．

　前者の起源は非常に古く，石こう，火山灰，石灰などのモルタル［（コンクリートに対して粗骨材(5 mm ふるいにとどまる骨材)を用いないものをモルタルと呼ぶ)］は，古代エジプト，ギリシャ，ローマ時代の石造建造物において，石材同士の接合に用いたとされています．先に掲げたギゼーにあるクフ王のピラミッド(紀元前2700年)や大スフィンクス(紀元前6世紀中頃)には焼石こうと泥土が用いられていました．また，地中海文明期(紀元前3000年～1200年)のキプロス島の寺院の礎石の目地には石灰モルタルが用いられてい

1.1 コンクリートとは何か

写真 1.3 ハギヤソフィア大聖堂の壁：近代の煉瓦積と異なり煉瓦の厚みと，目地の石灰モルタル(若干の煉瓦を砕いた粗骨材も混ぜられている)の厚みとがほぼ同じ．1200年ほど経た現在でも十分な耐力を有している．
(日本診断設計(株)長谷川哲也氏提供)

ました．わが国ではそれほど古くはありませんが，いつのころからか，三和土(たたき)，漆喰(しっくい)と呼ばれる石灰，粘土系のものが地盤強化や土間に用いられていました．しかし，その後，水硬性セメントの発明される18世紀中ごろまでは，これら無機質結合

材の発展は見るべきものがほとんどありませんでした．

後者については，18世紀中ごろの産業革命期に入り，現在のセメントの原型である水硬性セメントが発明されました．1756年英国のジョン・スミートンの水硬性石灰の発明に端を発し，同じく英国のジェームス・パーカーがけい酸質を含んだ石灰石を1 000℃近くで焼いてクリンカーを作り，それを粉砕したセメントを発明し，特許も取得しました．その色調がイタリアの赤褐色の凝灰岩の分解物に似ていたところから，ローマンセメントとも呼ばれました．

このように，原料に天然に産する石灰石のみを焼いて作られるところから，この種のセメントは天然セメントとも呼ばれています．

その後1811年フランスのビーカーが石灰石と粘土とを粉砕混合して，溶融するほど焼成し，その後再び粉砕する水硬性セメントを開発し，1824年にはイギリスのジョセフ・アスプジンが硬質の石灰石と粘土により，炭酸ガスをほとんど追い出すまでに焼結したクリンカーを粉砕する水硬性セメントで特許を得ました．このセメントを用いたコンクリートの色がイギリス南部で産出する石材としてのポルトランドストーンに似ていたところから，ポルトランドセメントと名づけられ，現在でも数パーセントの無機質粉末及び石こう以外は，石灰石と粘土を主原料として焼結されるクリンカーを粉砕したセメントをポルトランドセメントと総称していて，そのうち普通ポルトランドセメントが最も一般的に用いられています．

ポルトランドセメントはこのようにイギリスで発達し，フランスでは1878年に，ドイツでは1850年に，アメリカでは1871年に，そしてわが国では1875年に製造が始められました．

このように紀元前3000年ごろの石灰，石こうから始まり，その後5000年近く目立った進歩のなかったのが，1800年代の初期の水硬性セメントの発明により，1800年代中ごろから世界各地でセメ

ントの工業生産が行われ始め，本格的なコンクリート技術が芽生え150年を経過するに至ったわけです．

この間ポルトランドセメントの製造や，そのセメントを用いたコンクリートの基本的な原理はほとんど変わりがありませんが，セメントの製造技術やセメントコンクリートの製造，設計，構造，施工などの技術は大幅な進展を遂げ多様化がますます進んでいるのが現状です．

（3） コンクリートはどうして固まるのか(セメントの水和)

セメントの化学組成を図1.1に，ポルトランドセメントの水和の説明図を図1.2に示します．セメントと水が接すると，セメント粒子の表面(セメントクリンカー組成物を粉砕した粒子の)では直ちに水和反応が生じます．まず水和反応の最も早いクリンカー組成物である $3CaO・Al_2O_3$ の表面に，石こう($CaSO_4・2H_2O$)による微細なエトリンガイト結晶で緻密な被膜が作られ，$3CaO・Al_2O_3$ の水和反応速度を一時的に抑制します．その一方で，$3CaO・SiO_2$ も $3CaO_3・Al_2O_3$ と同時に水和反応を起こしますが，やはりまもなく表面に薄い水和物の被膜ができて，水和反応がしばらくの間は低調になります．水とセメントが接してから4～5時間このような状態が継続するわけですが，しかし，この間にも変化の程度はわずかですが水和反応は進行しています．

その後，10数時間にわたって $3CaO・SiO_2$ の最も活発な水和反応が起こり，セメント粒子の間隙は生成する C–S–H (カルシウム-シリケート-ハイドレイト)などによって緻密に埋められながら，硬化が進んでいきます．

ポルトランドセメント以外の混合セメントでも，基本的材料としてポルトランドセメントのクリンカーが用いられているところから，

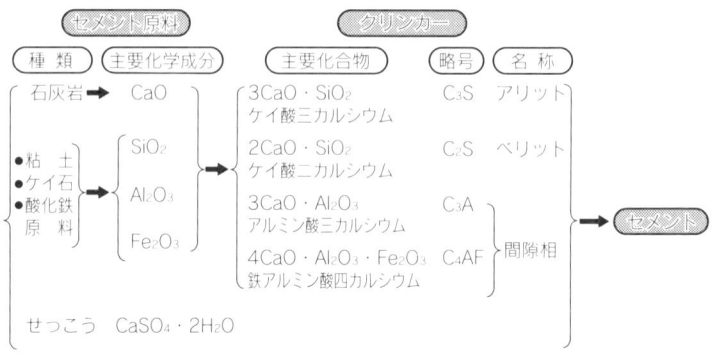

図1.1　セメントの化学組成

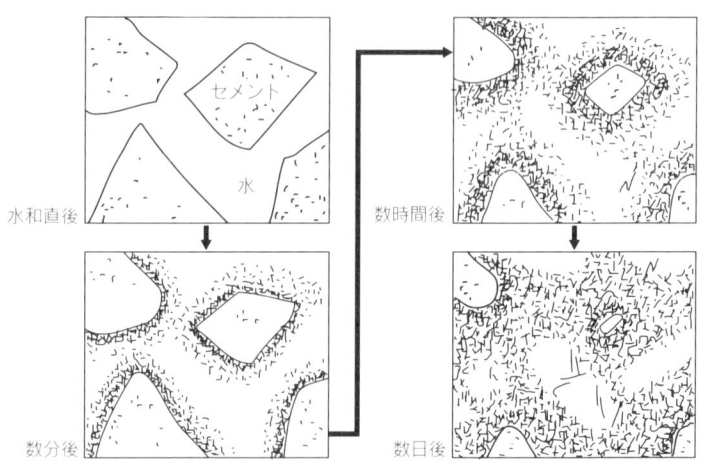

図1.2　ポルトランドセメントの水和の経過[1]

ほぼ同様な水和が進行するわけです．しかし，発生するセメント鉱物の C–S–H の形態が少し異なるものが含まれることになります．

このように，セメント粒子の水和反応の進行とともに水和物の結晶やゲルが，骨材(砂利・砂など)の粒子間隙及び未反応セメント粒子間隙を埋めて緻密化し，強度が発現していきます．この硬化の速度はセメントの種類や，コンクリートの練混ぜ時に加える混和材料の種類，コンクリートの置かれる環境などによっても異なりますが，多くは7日～28日で終局強度の70～80％程度に達します．しかし，水和反応は水分が存在する限り，長年月にわたって持続します．

なお，コンクリートの練混ぜに用いる水量は，そのコンクリート

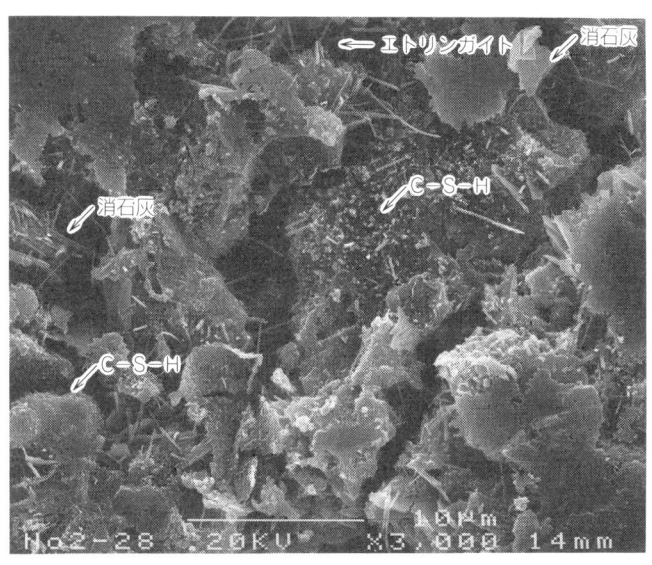

写真 1.4 セメント水和物の電子顕微鏡(SEM)写真($w/c=30\%$，材齢3日)

の成型作業に必要なコンクリートの軟度が得られる量を加えますので、一般にセメントの水和反応に必要な水量よりも多い量が用いられるため、コンクリート中の水和反応に寄与しない水がその後の乾燥により失われ、その跡が水和結晶物やゲル間の間隙となって残存し、その量(間隙の)が多いほどコンクリートの強度が小さくなります。

1.2 コンクリートの種類

コンクリートは、セメントをはじめとして材料の種類、コンクリートの作業性、工法、強度、密度、使用目的……などによって非常に多くの種類に分けられます。また、同じコンクリートでも上記の分類ごとに異なった名称が付けられて、多くの名称をもっています。現在用いられているコンクリートについて分類を表1.1に示します。

この表からもわかりますように、コンクリートの種類は非常に多くの分類、項目に分かれている一方で、あるコンクリートを一つ取り上げた場合、多くの項目に該当することとなります。たとえば、超高層コンクリート住宅の最下層のコンクリートについていえば、設計、施工条件による分類では鉄骨・鉄筋コンクリートで、空気連行の有無ではAEコンクリート、作業性では高流動コンクリート、以下それぞれの分類において、場所打ちコンクリート、レディーミクストコンクリート、低熱コンクリート、ポンプコンクリート、高耐久コンクリート、超高強度コンクリート、アイスコンクリートといった多くの名称をもつことになります。このようにコンクリートの種類は一つの構造物を作る一つのコンクリートにしても、分類上は数多くの名称をもったコンクリートとなります。

1.2 コンクリートの種類

表1.1 コンクリートの分類

分類項目	名　称
構成(補強)	無筋コンクリート 鉄筋コンクリート 　　　　　(鉄筋コンクリート) 　　　　　(連続鉄筋コンクリート) 　　　　　(鉄骨鉄筋コンクリート) 鉄網コンクリート(フェロセメント) プレストレストコンクリート プレストレスト・鉄筋コンクリート(パーシャルプレストレストコンクリート) 鋼・コンクリート複合構造 　　　　　(鋼管コンクリート) 　　　　　(鋼管鉄筋コンクリート) 　　　　　(鉄筋コンクリート・鋼管複合構造体) 　　　　　(鋼函コンクリート) 繊維(短繊維・長繊維)補強コンクリート 　　　　　(鋼繊維補強コンクリート) 　　　　　(化学繊維補強コンクリート) 　　　　　(ガラス繊維補強コンクリート) 　　　　　(炭素繊維補強コンクリート) 　　　　　(ケブラー繊維補強コンクリート)
連行空気量の有無	Non AE コンクリート(プレーンコンクリート) AE コンクリート
コンクリートの作業性*	高流動(超流動又は締固め不要)コンクリート 軟練りコンクリート** 中練りコンクリート** 硬練りコンクリート** 超硬練りコンクリート 高粘度(水中不分離)コンクリート

*　普通に用いられるコンクリートは記載を省いた.

**　硬練り,中練り,軟練りの順で使用割合が多くなる.最近では軟練りよりもさらに軟い高流動コンクリートが用いられ始めた.

表1.1 続き

分類項目	名称
成型，打込場所	場所打(現場打ち)コンクリート プレキャストコンクリート(工場製品) ハーフプレキャストコンクリート
フレッシュコンクリートの製造場所	現場練りコンクリート レディーミクストコンクリート(セントラルミキシング，トランジットミキシング)
密度（単位容積質量）	普通コンクリート(2.3〜2.4)*** 重質量コンクリート(3.5〜4.0以上)*** 軽量コンクリート(1.8〜1.5)*** 超軽量コンクリート(0.2〜1.0)***
セメントの種類	普通コンクリート 早強コンクリート 超早強コンクリート 中庸熱コンクリート 超速硬コンクリート 高炉セメントコンクリート フライアッシュセメントコンクリート シリカセメントコンクリート 低熱コンクリート エコセメントコンクリート
性能*	高耐久コンクリート 高強度コンクリート(圧縮強度>50〜60 N/mm²)（JIS A 5308) 超高強度コンクリート(圧縮強度>60 N/mm²)*** 膨張コンクリート 無収縮コンクリート

*** 筆者による参考値．

1.2 コンクリートの種類

表 1.1 続き

分類項目	名　称
特殊構造物*	ダムコンクリート 舗装用コンクリート マスコンクリート 　　{ ローラー転圧コンクリート / コンポシット舗装 / ホワイトトッピング }
目的*	カラーコンクリート 緑化コンクリート 化粧(レリーフ,目荒し,洗出し,研ぎ出し)コンクリート 打放しコンクリート 透水性(ポーラス)コンクリート 低騒音舗装コンクリート 　　{ ポーラスコンクリート / 小粒径骨材露出コンクリート }
成型・工法*	ポンプコンクリート 高流動コンクリート 加圧成型コンクリート ローラ転圧コンクリート スリップフォームコンクリート スライディングフォームコンクリート 高振動締固めコンクリート 水中(高粘度)コンクリート 真空コンクリート 加熱(hot)コンクリート アイスコンクリート プレパックドコンクリート ポストパックドコンクリート ショットコンクリート ケミカルプレストレッシングコンクリート
打込み環境	暑中コンクリート 寒中コンクリート

表 1.1 続き

分類項目	名 称
養生方法*	加熱養生コンクリート 蒸気養生コンクリート オートクレーブドコンクリート 自己加圧(発熱膨張拘束)コンクリート
気孔コンクリート	発泡コンクリート 起泡コンクリート 気泡コンクリート
ポリマーコンクリート	ポリマーセメントコンクリート レジンコンクリート ポリマー重合コンクリート(熱重合,放射線重合) ポリマー注入コンクリート
その他	フェロセメントコンクリート リサイクルコンクリート 　（リサイクルセメントコンクリート 　　リサイクル骨材コンクリート 　　リサイクルセメント＋リサイクル骨材コンクリート）

1.3 コンクリートに関する用語

コンクリートに関する説明を理解するうえで必要な用語のうち,最も基本的なものを表 1.2 に示します.これ以外にも用語は非常にたくさんありますが,表 1.2 に示していないものは,以下,その都度示します.

1.3 コンクリートに関する用語

表1.2 コンクリートに関する基本的な用語

用 語	定 義
ワーカビリティ	フレッシュコンクリートの打込みにおける作業性の良否を表す値で種々の試験方法により表します．(スランプ，修正VC値，スランプフロー，スランプフロータイムなどの試験方法の値で代替する)
コンシステンシー	フレッシュコンクリートの打込みにおける作業の困難度を表しますが具体的な指標はありません(ワーカビリティと意味は逆ですが，試験方法としては同じものを用います)．
スランプ	上端内径10 cm，下端内径20 cm，高さ30 cmの中空裁頭円錐台内にフレッシュコンクリートを詰めて，直ちに引き上げ，コンクリートの沈下・静止したときの30 cmから上面までの下り高さをcmで表す．ワーカビリティ(コンシステンシー)の最も一般的な試験方法．
スランプフロー	スランプ試験で沈下・静止したときのコンクリートの広がり径(直交する2方向の平均値：cm)で表します．
連行空気量	コンクリート中に計画的に導入される直径数10 μm〜300 μm程度の空気泡の容積百分率．
配合(調合)	コンクリートを作るのに必要な材料の量(質量)．土木分野で配合，建築分野では調合と呼んでいます．
単位量	単位セメント量，単位水量，単位粗骨材量，単位細骨材量，単位混和剤量，単位混和材量など，1.0 m³のコンクリートを作るのに必要な各材料の質量．
細骨材率	骨材の全絶対容積で細骨材の絶対容積を除して百分率で表した数値．
強度	コンクリートの強度の代表的なものは圧縮強度，その他に曲げ強度，引張強度，せん断強度などがあります．一般的に単に強度といった場合には圧縮強度を指します．また，コンクリートの強さは混合数時間後から数年又はそれ以上にわたって増進しますが，通常は標準水中養生(20 ± 2°C)で材齢28日における供試体強度で表します．

表 1.2 続き

用　語	定　義
設計基準強度	構造物を設計するのに用いた許容応力度に安全率を乗じた強度, 所要強度ともいいます.
目標強度	コンクリート強度にばらつきが生じても設計基準強度を所要の確率で上回るよう, コンクリートの配合設計の際に目標とする強度.
割増強度(割増率)	設計基準強度から目標強度を求める際の割増分の強度または割増の割合.
材齢	当該コンクリートの混合時を始点とした経過時間または日数. 通常は7日, 28日, 91日などのように7の倍数で表します.
単位容積質量	コンクリートや骨材のかさ容積 1 m³ 当たりの質量.
水セメント比	単位水量を単位セメント量で除し百分率で表した値.
セメント水比	単位セメント量を単位水量で除した比を表します. 水セメント比の逆数.
フレッシュコンクリート	混合直後から凝結が始まるまでのコンクリートのことです.
硬化コンクリート	フレッシュコンクリートの凝結後, 強度が発生し固まったコンクリート.
養生	コンクリートの打込み成型後, 乾燥や凍結などを防止する処置をいう. 強度の標準は成型後 24〜48 時間以内に 20±2℃の水中で養生(標準水中養生)された供試体による試験結果で表します.
骨材	コンクリート材料の中で容積を最も多く占めるもので, いわゆる砂利, 砂の類が用いられます.
粗骨材	骨材のうち概して 5 mm ふるいにとどまるものを指します. 最大寸法はコンクリートの使用目的により選びます. 一般に土木用では 40 mm, 25 mm, 20 mm, 建築用で 25 mm, 20 mm が多く用いられています. 川砂利, 山砂利, 砕石, 各種スラグ粗骨材などがあります.

1.3 コンクリートに関する用語

表 1.2 続き

用　語	定　義
細骨材	骨材のうち概して 5 mm ふるいを通過するものを指します．川砂，山砂，砕砂，各種スラグ細骨材などがあります．
混和材料	コンクリートの品質向上，性状改善のために用いられる．セメント，水，骨材以外の材料の総称です．
混和材	コンクリート中の容積が無視できない混和材料のことで，一般に粉体で用いられるケースが多いものです．フライアッシュ，スラグ粉末，収縮低減材などがあります．
混和剤	コンクリート中での容積が無視できる混和材料のことで，一般に有機質の水溶液で用いられ，その水分は練混ぜ水の一部として加算します．AE 剤空気連行，AE 減水剤，高性能 AE 減水剤などがあります．
練混ぜ水	コンクリート材料の混合の際に，セメントの水和やコンクリートの軟度を保つために用いられるものです．骨材に付着する水分や，水溶液としての混和剤中の水分も全て練混ぜ水として扱われます．

2章　コンクリートを作る

2.1　コンクリートの材料構成

コンクリートの一般的な材料構成率を図2.1に示します．特殊なコンクリートにあっては，この構成率と異なるものもありますが，大半のコンクリートはこの範囲内の構成率で作られます．この材料の中で，水はセメントの水和反応にとって欠かせない材料です．空気は材料なのかという疑問がわくかもしれませんが，現在ではコンクリートを作るのに気泡の径が80～300μm程度の空気泡を，計画

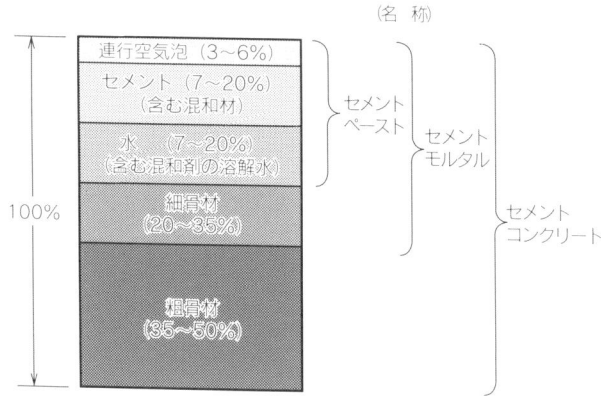

図2.1　コンクリート材料の構成率(絶対容積百分率)

的に混合の際に発生させるように界面活性剤を用いています．この目的はコンクリートの作業性の改善と硬化後のコンクリートの耐凍害抵抗性の向上にあります．このように微細な空気泡をコンクリート中に導入したコンクリートを空気連行コンクリート(air entraining concrete，一般には AE コンクリート)と呼んで，現在用いられているコンクリートの大半を占めています．これに対し，コンクリートの混合，移動，打込み中などにコンクリート中に抱き込まれた mm あるいは cm 単位の大きな気泡はエントラップドエア(entraped air)と呼ばれ，コンクリートにとって不要なものですが，完全になくすことは不可能とされていました．しかし，最近のコンクリートでは実現できるようになってきました．

水は，セメントの水和反応にとって不可欠な材料であるとともに

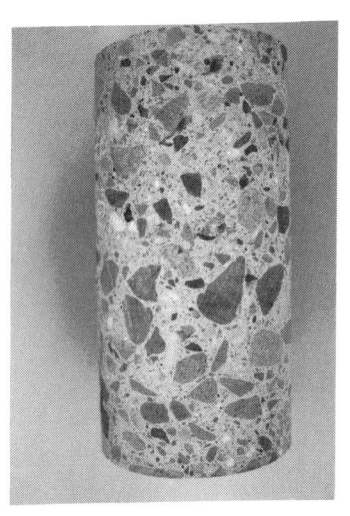

写真 2.1 コンクリート・コアサンプル

コンクリートの成型(型枠などに流し込む作業)のための作業性を決める大きな要素ですが,前項で述べたように,硬化後に水和反応に寄与しない余剰水(自由水)による間隙が多いほど,コンクリートの強度,耐久性が低下することになります.

　粗骨材,細骨材は単にコンクリートの増量材としての存在だけでなく,セメントと水の硬化物だけでは,大きく現れる欠点(乾燥収縮,ひびわれ,クリープなど)を抑制するためにも欠かせない材料です.コンクリートの中でもセメントペースト(セメントと水を加えたもの)部分の強さは,そのまわりを含めたコンクリートの強さを大幅に上回ることは明らかなのですが,セメント・ペーストだけでは,上記のような欠点が大きく現れるため,セメントペーストのみの使用は実用性に乏しく,かつ材料のうち最も高価なセメントを多量に使用するため経済的にも不利となるわけです.これらの問題解決を図っているのが骨材で,すなわち骨材は増量材であるとともに立派な品質改良の役割を担っているのです.

2.2　フレッシュコンクリートの作り方

　コンクリートの作り方の流れを簡単に示しますと図2.2のようです.図からわかるように,コンクリートの製造工程には材料を加工する工程はほとんどなく,単に計量と混合があるのみです.したがってコンクリートの品質は前述したように,セメント及び骨材の品質変動と,すべての材料の計量値の変動とでほとんど決まってしまうことになります.セメントは工場製品として,セメントメーカー側での品質管理や製品検査により品質の確保が行われて出荷されていますが,骨材に関しては,わが国ではJIS表示認定を取得したごく一部の砕石工場を除いて,ほとんどが十分な品質管理が行われ

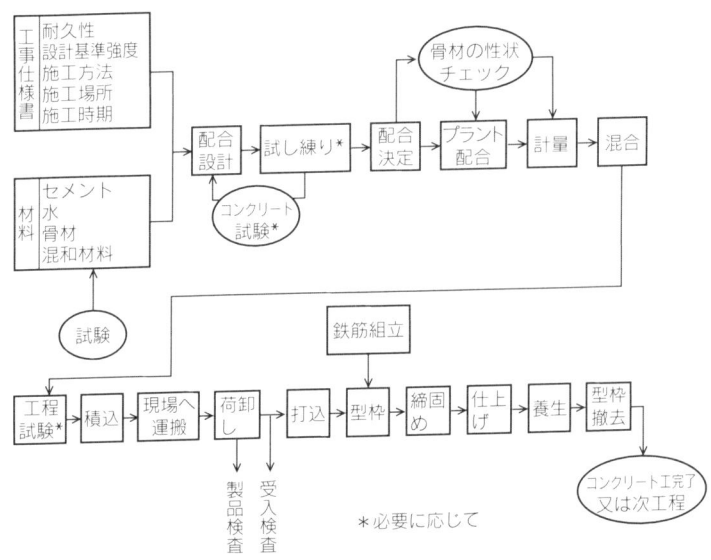

図 2.2　コンクリート作りのフロー

ていないケースが多く，そのためコンクリートの品質の変動はある程度避けられません．

コンクリートの成型はあらかじめ設置・組み立てられた型枠中にコンクリートを打ち込み，養生を経て，型枠の除去で完成することになります．コンクリートを型枠の中に入れる作業を「コンクリートの打込み」といいますが，これは，以前には硬く練り上げたコンクリートを，槌やたこ棒などで打ち付けながら締め固められたことが由来ともいわれています．現在ではコンクリートポンプを用い，流動性の高いコンクリートを流し込んでいます．打込みより流し込みとか注入とかと呼ぶほうが良いのかもしれません．特に，高流動コンクリート(締固め不要コンクリートともいう)にとっては打込み

は適切な表現とはいえません．現在の最も一般的なコンクリート構造物の作り方は，レディーミクストコンクリート工場(通称生コンクリート工場)で混合(製造)されたフレッシュコンクリート(生コンクリート，生コン)を，アジテータトラック(フレッシュコンクリートが分離しないよう緩やかな攪拌をしながら現場までコンクリートを運搬するドラムを有する生コンクリート専用の車両)で運搬し，荷卸し場所でコンクリートポンプを用いて型枠中に流し込む方法が最も多く使われています．

2.3 コンクリートの計量・練混ぜ

最近では，大型ダム工事やコンクリート2次製品を除けば，フレッシュコンクリートはほとんど生コンクリート工場で製造されています．したがって，その製造はコンクリートミキシングプラントで行われます．なおわが国では，ミキシングまで行うこのプラントのことをなぜかバッチャープラントと呼びます．戦前はコンクリートの材料の計量を容積で行っていたのが，戦後になって質量計量機を備えたコンクリートプラントが出現したため，計量の質量式自動化のイメージが強く，こう呼ばれるようになったものと考えられます．アメリカではバッチングプラントとは，材料の計量のみをプラントで行い，混合はトラックミキサで運搬の途中に行うのに用いるプラントのことです．このプラントで各材料を所定の配合比で計量し，練混ぜられたうえで，工事現場に運搬供給されます．現在では日本全国で5 000弱の生コンクリート工場が稼働しています．生コンクリートプラントの概要を図2.3及び写真2.2に示します．なお，生コンクリートはJIS A 5308レディーミクストコンクリートのJISマーク表示品で，4千数百工場が表示認定を得て，厳しい品質管理

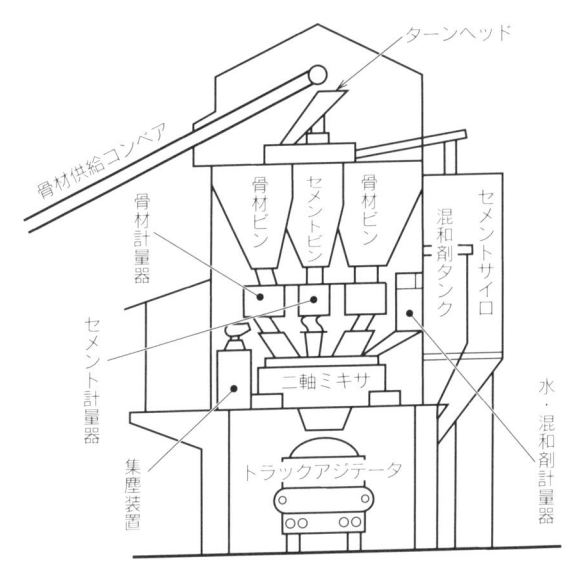

図2.3 生コンクリートプラントの概要

図中ラベル: ターンヘッド、骨材供給コンベア、骨材ビン、セメントビン、骨材ビン、セメントサイロ、骨材計量器、混和剤タンク、セメント計量器、二軸ミキサ、集塵装置、トラックアジテータ、水・混和剤計量器

のもとに，JISマーク印の生コンクリートを製造・出荷しています．

　生コンクリートを作る作業の中で唯一の加工工程と見られるのが，計量の後工程の練混ぜです．コンクリートには「混凝土」という漢字が当てられていますが，これは混ぜ固まる土とでもいうのでしょうか，コンクリートの形態をよく表しています．ちなみにセメントは中国語で水泥と呼ばれていることと考え合せると，なんとなくイメージが結びつきます．さてコンクリートの練混ぜは呼んで字のごとく，この二つの動作が必要とされます．まず"混ぜる"は異物質が均等に分布されるように行われるものです．これに加えて"練る"は"こねる"に通じるように，さらに強いエネルギーを付加し

2.3 コンクリートの計量・練混ぜ

て混合物の材料相互が、あるいは、ミキサの撹拌翼と材料とが摩擦、圧縮、せん断などの力を加えられながらこね混ぜられる作用をいいます。

したがって、コンクリートは5～6分間までぐらいは、練混ぜれば練混ぜるほど均等で、かつ、強度のうえでも有利になるとされています。しかし、生コンクリートの場合には、工場で十分練り過ぎますと、季節によっては運搬中のコンクリートのスランプ低下が大きく生じることもあります。ミキサの形式、各材料のミキサへの投入方法、投入順序及びその投入タイミング、練混ぜ時間、コンクリート温度によっても練混ぜ後のコンクリートの性状が異なります。どのような混合条件がコンクリートの品質を安定させるのか、あらかじめ実験により確かめておく必要があります。

生コンクリート工場で用いられるミキサには、重力式傾胴ミキサ、バッチ式の強制撹拌ミキサ（1軸又は2軸パグミルミキサ、パンタイプミキサ）がありますが、最近では2軸パグミルミキサが半数を少し超える割合を占めています。中には、一次練混ぜミキサでモルタルを作り、二次練混ぜミキサで粗骨材を加えてコンクリートにするというデュアルタイプ、即ち2段構えの練混ぜ方式や、傾胴式ミ

写真 2.2　生コンクリート工場全景

写真 2.3　鳴戸大橋メインケーブルのアンカレイジ

キサの軸にミキサドラムとは逆方向に回る攪拌翼を付けた，重力式と強制式の折衷型のミキサも出現しました．このほか，生コンクリート工場では用いられてはいませんが，現場プラントなどでは連続式の1軸又は2軸のパグミルミキサ，リボンミキサなどが用いられています．また，生コンクリート工場のバッチ式ミキサの容量は1 m^3 練りから3 m^3 練りが一般的ですが，中には5 m^3 練りというのもあります．このほか，マスコンクリート（コンクリートの巨塊構造物．たとえば，ダム，大型基礎，吊橋のアンカレイジなど）では，セメントの水和熱に基づくコンクリート内部と，表面部分との温度差から生じる温度応力によるひびわれを防ぐため，コンクリート温度を下げる工夫をして（水の冷却，砂のアイシング，練混ぜ水の一部を氷塊での置換などして）コンクリートを練混ぜるケースもあります．

2.4 コンクリートの運搬

現在では超大型工事やコンクリート2次製品を除けば，ほとんどが生コンクリートを用いてコンクリート構造物が作られています．このためフレッシュコンクリートはアジテータトラックと呼ばれる専用の運搬車で，生コンクリート工場から工事現場まで運搬されています．これはいわばコンクリートの出前に当たります．このアジテータは積み込まれたフレッシュコンクリートが，材料分離を起こさぬようコンクリートにゆっくりとした回転運動を与え攪拌する構造になっています．アジテータには傾胴ドラム回転式，水平ドラム回転式，箱型又は船底型強制攪拌翼式など種々の形式のものがありましたが，わが国では20年以上も前からほとんど傾胴ドラム回転式になりました．

2.4 コンクリートの運搬　　39

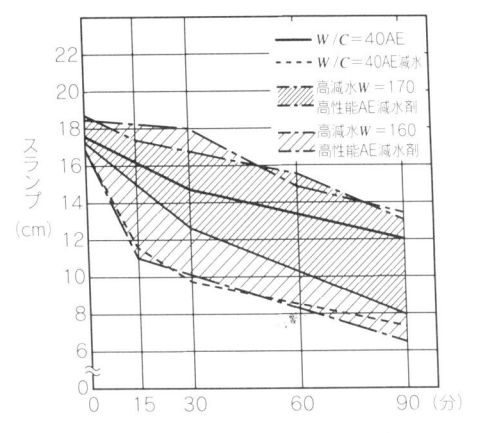

図2.4 スランプの経時変化の例[1]

なお，コンクリートはセメントの凝結が始まるまでの時間の関係から，練混ぜ開始から1.5時間以内に現場での荷卸しを終えるようJIS A 5308に規定されています．

このほか，硬練りコンクリート(舗装用コンクリートでスランプが5cm以下のもの)，超硬練りコンクリートなどはダンプトラックで運搬することも可能となっています．ただし，その場合にはJIS A 5308では練混ぜ開始から1時間以内に荷卸しを完了することとされています．

フレッシュコンクリートの性状のうち，スランプや連行空気量は種々の環境条件の影響を受け，運搬中に経時的に変化(一般的には数値が減少する傾向にありますが，高性能AE減水剤の場合には増加することもあります)をします(図2.4参照)．その要因としてはプラントでの練混ぜの程度，練混ぜからの経過時間，コンクリート及び外気温，初期スランプ，初期空気連行量，積載量，混和剤の種類，銘柄，品目，添加量などがあり，その変化の度合いも異なりま

す．したがって，正確に変化を予測することはなかなか困難ですが，生コンクリート工場のミキシングプラントでコンクリートを練り混ぜるときには，その変化分を予測して練混ぜ時の計量配合や目標スランプ，目標空気量を補正します．

2.5 鉄筋と型枠の組立て

コンクリート構造物のうち，鉄筋コンクリートが多くを占めています．したがって，鉄筋コンクリートの構造物を作るには，まず，設計図に従って鉄筋を組み立て，それを囲うように所定の設計断面に合せて型枠が設けられ，その中にコンクリートを打ち込むことによりコンクリートと鉄筋が一体化し，複合構造体となって自重はもちろんのこと，外力に耐える鉄筋コンクリートができ上がります．

この鉄筋のほかにコンクリートを補強する鋼材としては，プレストレストコンクリート用のPC鋼棒や，鉄骨鉄筋コンクリート(SRC)のように鉄筋とともに鉄骨も補強材として併用したり，鉄筋とPC鋼棒を併用するプレストレスト鉄筋コンクリートまたはパーシャルプレストレストコンクリートと呼ばれる複合構造があります．また，現場に組み立てられた鋼管柱にコンクリートを詰め込む鋼管コンクリートや，逆に鋼管の外側を鉄筋コンクリートで巻き立てる複合構造の橋脚なども最近になって普及し始めました．いずれにしても，これらの補強材料がコンクリートと一体化するようにコンクリートが打ち込まれなければ，鉄筋等の補強材の効果を十分に発揮することができなくなります．

このほか，鉄筋はコンクリートとの付着を良くするために単純な丸鋼よりは表面にリブ状の突起をつけた異形鉄筋が多用されていますが，そのような鉄筋の場合には，打込み時のコンクリートの流れ

に対する抵抗力が余計に働くわけですから，さらにコンクリートの施工性，ワーカビリティの良さが求められます．

また，これらの鉄筋が設計書に示された寸法どおりに組み立てられて初めて有効な働きをしますから，その組立ても正確でなければなりません．

型枠は，その鉄筋を囲うとともにコンクリートを設計形状に作るために設けられるものです．まず，設計書どおりに正確に組み立てられる必要があります．コンクリートがまだ固まらない状態，すなわち凝結に至らず強度も発生しない状態においては，一般にコンクリートは液体に近い流動状態のため，型枠の側面に働く圧力は非常に大きなものとなります．型枠の支保工や，型枠そのもののせき板の強度が不足した場合，打ち込んだコンクリートが予想外の変形を生じたり，型枠，支保工の倒壊という重大事故になる恐れがあります．特に，高流動コンクリートを高さの大きな柱や壁に打ち込む場合に，あまり急速に打込んでいくと，下部に思わぬ側圧が働き，型枠のはずれ，支保工の倒壊などを起こす確率が大となりますので，打込み速度の管理が非常に大切となります．

型枠には一般に木製（合板が主体）と金属性（鉄製）とがありますが，資源保護のためには金属製のほうが転用回数が多い分だけ有効です．また型枠には，吸水性の材料やコンクリート中の水だけ漏れ出すようにフィルター材が内張りされているものがあり，打込み後のコンクリート中の水量を減じて，その分コンクリートの表面付近の組織を緻密にすることにより，コンクリート表面からの中性化の進行速度を抑制し，鉄筋の発錆を防止する方法がとられるケースもあります．そのほか，型枠内面にレリーフなどの模様をつけたり，仕上げ材（タイル等）をそのまま型枠に先付けして用いるなどの方法も採られています．

写真 2.4 組立て中の鉄筋(水平方向の帯鉄筋の組立てが終わっていない)

写真 2.5 耐震補強における柱の巻立用コンクリートの型枠設置状況

また,施工の連続性,型枠設置の省略,簡素化の目的でスリップフォーム工法(水平方向移動型枠)や,スライディングフォーム工法(垂直方向移動型枠)で型枠を移動しながら連続的にコンクリートを打込む工法や,1回の打込み高さ(1リフト)ごとに,ある程度の強度が発生した段階で,型枠ユニット全体を1リフト分ずつ移設するジャンプフォーム工法などの省資源,省力,自動化工法もあります.

2.6 コンクリートの打込み,締固め

フレッシュコンクリートを型枠の中へ流し込んだり,所定の場所に敷き均したり,さらにコンクリート中の鉄筋や型枠の接触面に"す"("ジャンカ"ともいう)ができないようにコンクリートの締固めをする作業を総称してコンクリートの打込み,あるいは打設と呼

2.6 コンクリートの打込み，締固め

写真 2.6 アジテータトラック(左側)から荷卸しされたフレッシュコンクリートが，ポンプ車により型枠中に打ち込まれる．

びます．締固めは特に断らなくとも打込み作業の中に含まれているとするのが最近の一般的な理解です．

だが最近，施工例が少しずつ増えてきている高流動コンクリートあるいは自己充填コンクリートは，打込みから締固め作業を除いてしまったものです(ただし，一部にはバイブレータを少しばかり補助的に用いて締固めを行うコンクリートも，高流動コンクリートと呼んでいるケースもあります)．また，コンクリートの打込みの作業性を高めたものとしてコンクリートポンプ車の出現があります．1960年代中ごろまでは，コンクリートの打込みといえば，足場の道板の上をコンクリート運搬用のカートで人力により打込み箇所まで運搬するか，タワーバケットのホッパーから構造物の型枠中へ移動式のシュートにより流し込む方法が採られていました．コンクリートプレーサという圧縮空気を利用した打込み機械もありましたが，運搬・取扱い能力などの点でそれほど普及はしませんでしたが，コンクリートポンプ車の出現により，コンクリート打込み作業の効率

化が一段と進み,著しく普及し,いまではコンクリートの打込みの大半がコンクリートポンプ車を用いています(写真 2.6 参照).

なお,硬練りコンクリート(道路舗装用,ダム用コンクリート等),超硬練りコンクリート(ローラ転圧コンクリート,高振動締固めコンクリート)などの流動性のないコンクリートはポンプ打込みはできませんので,それぞれの工法に使われる専用の施工機械で打込みや締固めが行われます.

さらに,コンクリートの打込みには移動式の型枠を用いるスリップフォーム工法やスライディング工法があります.前者は道路用コンクリート構造物や舗装コンクリートの打込みに用いられ,水平方向に型枠が連続的に移動しながらコンクリートを打ち込んでいく工法で,高さ 1.5 m ぐらいまでのコンクリートが打込みから 1～2 分後には型枠が離れてまだ固まらないコンクリートがそのまま自立します.最近,高速道路や国道の安全対策として中央分離帯のコンクリート防護壁(反対方向車線への飛出し防止壁)をスリップフォーム工法で施工するケースが少しずつ増加の傾向にあります(写真 9.10

写真 2.7 ポンプ車によるコンクリートの打込み(壁・床の配筋の状況もよく分かる)

写真 2.8 重力式ダムの施工状況(ダム全体をいくつかのブロックに分け,交互に 1 リフト分ずつコンクリートを打ち上げていく)

写真 2.9 RCD(ローラ転圧コンクリートダム)の施工状況(重力式ダム):ブルドーザで敷均されたコンクリートを振動ローラで転圧し締め固める.通常のダムの場合のようにブロック単位の施工でなく水平な層状に仕上げていく.

参照).

　後者は,サイロなど鉛直方向の構造物のコンクリートの打込みに用いられます.高さ3〜4mの型枠を用い,1リフト分(型枠の高さ)のコンクリートを打ち込んだ後,数10分から2〜3時間後にコンクリートの圧縮強度が0.2〜0.5 N/mm^{2}に達したら,型枠を鉛直方向にスライドアップして次のリフトのコンクリートを打ち込む作業を繰り返し行って,所定の高さまでフレッシュジョイントで打ち継いでいく工法があります.

　いずれにしても,これらの工法は省資源(型枠の材料消費量の削減),省力(作業工数の削減)の面では非常に有効な工法です.

2.7 コンクリートの養生

コンクリートはセメントの水和反応の進行により硬化し，強度が発現，増進していくのですが，凝結の時期や硬化の初期に著しい乾燥や，凍害を受けるとコンクリートの強度は増進しなくなったり，ひびわれや表面剝離が生じたりします．初期凍害が深いと融解期に崩壊することすらあります．このようにフレッシュコンクリートの練混ぜ時に用いられた水が，打込み後の初期のうちに失われたり，凍結したりすることは水和反応を阻害し，その結果，強度も目標値を大幅に下回るなどの被害を受けますので，覆いなどを用いて乾燥

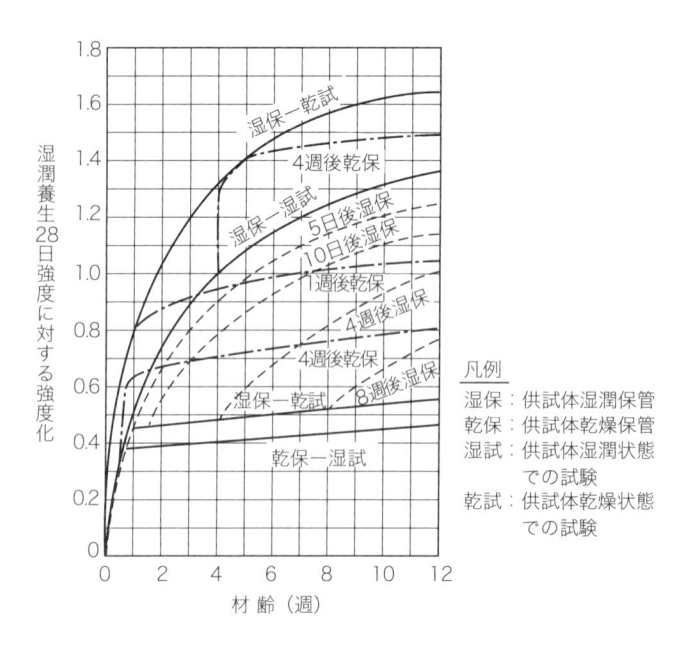

図 2.5　湿潤養生 28 日強度に対する各種養生方法の場合の強度比[2)]

2.7 コンクリートの養生

写真 2.10 橋面スラブコンクリートのシート養生の様子

や凍害を防止します．これをコンクリートの養生といって，コンクリートを最も大切に扱う時期(普通セメント使用で打込みから1〜2週間程度)の作業工程です．いわば新生児を扱うような注意が必要です．コンクリートは打込み後の初期に凍結しなければ，低温に置かれるほうが長期間後の強度の発現には優れていますが，凍結や乾燥させてしまっては水和反応を停止させるわけですから，コンクリートの強度の増進は止まってしまいます．コンクリートの強さは練混ぜ時の水とセメントの割合で決まり，水の割合が少ないほど強度が高くなりますが，打込み凝結後は散水や水浸によって強度が低下することはありません．むしろ，水を十分に与えることが大切な養生方法なのです．図 2.5 に養生条件と強度の増進の関係を示します．

この図より，コンクリートの強度増進には湿潤に保つことの重要性がよく理解できます．したがって，コンクリートの打込み後は表面からの水の蒸発を防ぐためにシートで覆ったり，ラテックス等の被膜養生剤を散布したりします．凝結が進めば散水養生も有効です．

二次製品などでは水中養生,霧室養生などを行うケースもあります.
　このほか,加熱養生(寒中の場所打ちコンクリートでの電熱を利用した養生,2次製品の蒸気室養生),オートクレーブ養生［電柱,コンクリート管,気泡コンクリート(ALC)など2次製品に用いる,飽和水蒸気の圧力と熱の作用を併用する養生方法］などがあります.コンクリートの養生では"初めよければすべてよし"ということわざどおりの成果が得られます.

3章 コンクリートの配合

3.1 コンクリートの材料

コンクリートの材料は，図 2.1 に示したように基本的にはセメント，水，粗骨材，細骨材に少量のコンクリート用混和剤を用いますが，場合によってはセメントの助材として，あるいはコンクリートの性状を改善するためにコンクリート用混和材が用いられます．コンクリート用の材料に関しては，土木学会：コンクリート標準示方書―施工編―(RC 示方書)，日本建築学会：建築工事標準仕様書(JASS 5 鉄筋コンクリート工事)，JIS A 5308 レディーミクストコンクリートなどに規定され，品質の基準値も定められています．ここでは JIS A 5308 を中心に記述します．

(1) セメントの種類と機能

現在わが国で製造されているセメントの種類を表 3.1 に示します．このうち，普通ポルトランドセメントは，わが国では最も普遍的に用いられていて，国内で使用されるセメントの約 70% を占めています．早強ポルトランドセメントは普通セメントの 7 日強度をほぼ 3 日間で，超早強セメントは同じく約 1 日間で発現するセメントです．さらに，ポルトランド系以外のセメントには超速硬セメントがあり(図 3.1 参照)，水セメント比を小さく選べば 2〜3 時間で普通

表3.1 セメントの種類

大分類	小分類		日本工業規格 (JIS)
	品種	品名	
ケイ酸石灰質セメント	ポルトランドセメント	普通ポルトランドセメント 早強ポルトランドセメント 超早強ポルトランドセメント 中庸熱ポルトランドセメント 低熱ポルトランドセメント 耐硫酸塩ポルトランドセメント	JIS R 5210
		特殊ポルトランドセメント：油井セメント	(API STD 10 A) JIS 規格はない
		特殊ポルトランドセメント：白色セメント	—
		特殊ポルトランドセメント：微粒子セメント	—
	混合セメント	高炉セメント(A種, B種, C種)	JIS R 5211
		シリカセメント(A種, B種, C種)	JIS R 5212
		フライアッシュセメント(A種, B種, C種)	JIS R 5213
		膨張セメント	—
		左官用セメント	—
	再生セメント	エコセメント(普通・速硬)	JIS R 5214
アルミン酸石灰質セメント	ポルトランドセメント系以外のセメント	アルミナセメント	—
ケイ酸アルミン酸石灰質セメント		超速硬セメント	—

3.1 コンクリートの材料

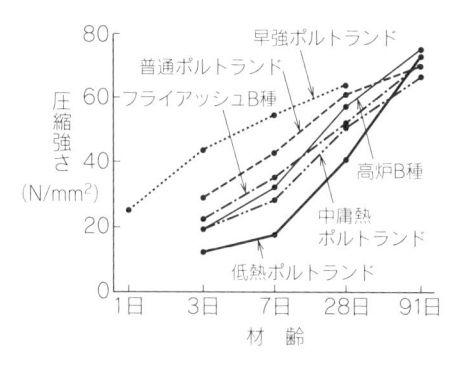

図3.1 各種セメントを用いたモルタルの圧縮強さと材齢との関係 (JIS R 5201-1997)[3]

セメントの28日強度に近い強度のコンクリートが得られます.

このほか,中庸熱セメント,低熱セメントは,コンクリートの硬化時における水和反応熱を抑制したタイプのセメントで,マスコンクリート(ダム・大型構造物の基礎などコンクリートの巨大な断面積を有する構造体)などに用いられます.また,資源の有効利用を図る各種の混合セメントは,水和発熱量が小さく,耐薬品性,耐海水浸食性に優れた点を活かした使われ方や,アルカリ骨材反応の抑制用に適用されています.また,ごく最近には都市ゴミ焼却灰を原料にしたエコセメントが実用化され,標準情報 TR R 0002「エコセメント」として公示されました.

このほか,1982年ごろには廃棄コンクリート中のモルタル分を利用した再生セメントと,その再生セメントとコンクリート再生粗骨材を用いたリサイクルコンクリートが作られたこともあります[1),2)]が,現在は生コンクリート工場の乱立による市況の乱れから,生産が中止されているのは再生資源の有効利用の面からも残念なことといえます.

表 3.2 JIS セメ

セメントの種類		混合材(質量%)	化学成分(%)					C_3S(%)	C_2S(%)
			強熱減量	三酸化硫黄	酸化マグネシウム	全アルカリ[*3]	塩化物イオン		
ポルトランドセメント (JIS R 5210-1997)	普通	5以下	3.0以下	3.0以下	5.0以下	0.75以下	0.02以下	—	—
	早強	—	3.0以下	3.5以下	5.0以下	0.75以下	0.02以下	—	—
	超早強	—	3.0以下	4.5以下	5.0以下	0.75以下	0.02以下	—	—
	中庸熱	—	3.0以下	3.0以下	5.0以下	0.75以下	0.02以下	50以下	—
	低熱	—	3.0以下	3.5以下	5.0以下	0.75以下	0.02以下	—	40以上
	耐硫酸塩	—	3.0以下	3.0以下	5.0以下	0.75以下	0.02以下	—	—
高炉セメント (JIS R 5211-1997)	A種	5を超え30以下	3.0以下	3.5以下	5.0以下				
	B種	30を超え60以下	3.0以下	4.0以下	6.0以下				
	C種	60を超え70以下	3.0以下	4.5以下	6.0以下				
シリカセメント (JIS R 5212-1997)	A種	5を超え10以下	3.0以下	3.0以下	5.0以下				
	B種	10を超え20以下	—	3.0以下	5.0以下				
	C種	20を超え40以下	—	3.0以下	5.0以下				
フライアッシュセメント (JIS R 5213-1997)	A種	5を超え10以下	3.0以下	3.0以下	5.0以下				
	B種	10を超え20以下	—	3.0以下	5.0以下				
	C種	20を超え30以下	—	3.0以下	5.0以下				

表 3.3 各種セメントの化学

セメントの種類		ig.loss	insol.	SiO_2	Al_2O_3	Fe_2O_3
ポルトランドセメント	普通	1.78	0.17	21.06	5.15	2.80
	早強	1.18	0.10	20.43	4.83	2.68
	中庸熱	0.37	0.13	22.97	3.87	4.07
	低熱	0.97	0.05	26.29	2.66	2.55
高炉セメント	B種	1.51	0.21	25.29	8.46	1.92
フライアッシュセメント	B種	1.91	13.37	18.76	4.48	2.56

表 3.4 各種セメントの物理試験結果(JIS R 5201-

セメントの種類		密度 (g/cm³)	粉末度		水量 (%)
			比表面積 (cm²/g)	網ふるい 90μm 残分 (%)	
ポルトランドセメント	普通	3.15	3 410	0.6	27.9
	早強	3.13	4 680	0.1	30.6
	中庸熱	3.21	3 050	0.9	27.6
	低熱	3.21	3 470	0.1	27.4
高炉セメント	B種	3.05	3 970	0.3	29.3
フライアッシュセメント	B種	2.95	3 500	0.4	28.6

3.1 コンクリートの材料

ントの品質規格[3]

C_3A (%)	水和熱 (J/g)		密度[*2] (g/cm³)	比表面積 (cm²/g)	凝 結		安定性		圧縮強さ (N/mm²)				
	7日	28日			始発 (min)	終結 (h)	パット法	ルシャテリエ法(mm)	1日	3日	7日	28日	91日
—	—[*1]	—[*1]	—	2 500以上	60以上	10以下	良	10以下	—	12.5以上	22.5以上	42.5以上	—
—	—	—	—	3 300以上	45以上	10以下	良	10以下	10.0以上	20.0以上	32.5以上	47.5以上	—
—	—	—	—	4 000以上	45以上	10以下	良	10以下	20.0以上	30.0以上	40.0以上	50.0以上	—
8以下	290以下	340以下	—	2 500以上	60以上	10以下	良	10以下	—	7.5以上	15.0以上	32.5以上	—
6以下	250以下	290以下	—	2 500以上	60以上	10以下	良	10以下	—	—	7.5以上	22.5以上	42.5以上
4以下	—	—	—	2 500以上	60以上	10以下	良	10以下	—	10.0以上	20.0以上	40.0以上	—
—	—	—	—	3 000以上	60以上	10以下	良	10以下	—	12.5以上	22.5以上	42.5以上	—
—	—	—	—	3 000以上	60以上	10以下	良	10以下	—	10.0以上	17.5以上	42.5以上	—
—	—	—	—	3 300以上	60以上	10以下	良	10以下	—	7.5以上	15.0以上	40.0以上	—
—	—	—	—	3 000以上	60以上	10以下	良	10以下	—	12.5以上	22.5以上	42.5以上	—
—	—	—	—	3 000以上	60以上	10以下	良	10以下	—	10.0以上	17.5以上	37.5以上	—
—	—	—	—	3 000以上	60以上	10以下	良	10以下	—	7.5以上	15.0以上	32.5以上	—
—	—	—	—	2 500以上	60以上	10以下	良	10以下	—	12.5以上	22.5以上	42.5以上	—
—	—	—	—	2 500以上	60以上	10以下	良	10以下	—	10.0以上	17.5以上	37.5以上	—
—	—	—	—	2 500以上	60以上	10以下	良	10以下	—	7.5以上	15.0以上	32.5以上	—

(注) [*1] 測定値を報告する． [*2] 測定値を報告する． [*3] 全アルカリ(%) = Na_2O(%) + 0.658K_2O(%)

分析結果(JIS R 5202-1999)[3]

化 学 成 分 (%)								
CaO	MgO	SO_3	Na_2O	K_2O	TiO_2	P_2O_5	MnO	Cl
64.17	1.46	2.02	0.28	0.42	0.26	0.17	0.08	0.006
65.24	1.31	2.95	0.22	0.38	0.25	0.16	0.07	0.005
64.10	1.33	2.03	0.23	0.41	0.17	0.06	0.02	0.002
63.54	0.92	2.32	0.13	0.35	0.14	0.09	0.06	0.003
55.81	3.02	2.04	0.25	0.39	0.43	0.12	0.17	0.005
55.28	0.82	1.84	0.11	0.30	0.23	0.12	0.05	0.003

1997)および水和熱試験結果(JIS R 5203-1995)[3]

凝 結		圧縮強さ (N/mm²)					水和熱 (J/g)	
始発 (h-min)	終結 (h-min)	1日	3日	7日	28日	91日	7日	28日
2-16	3-13	—	28.0	43.1	61.3	—	—	—
1-52	2-48	27.7	47.5	56.6	67.9	—	—	—
2-21	3-21	—	11.2	16.1	33.9	—	277	330
3-30	4-42	—	16.2	25.3	49.0	79.1	226	275
2-47	3-58	—	21.2	35.1	62.0	—	—	—
3-01	4-16	—	26.1	39.3	60.6	—	—	—

表3.2に代表的なセメントの種類及びJIS規格,表3.3,3.4に試験結果を示します.

(2) 水について

コンクリートを作るには水は不可欠の材料です.コンクリート用練混ぜ水の品質は,RC示方書,JASS 5に「油,酸,塩類,有機不純物,懸濁物等,コンクリートおよび鋼材の品質に悪影響を及ぼす物質を有害量含んではならない」と規定されています.また,JIS A 5308レディーミクストコンクリートの附属書9により,水は上水道水,上水道以外の水及び回収水に区分され,上水道水の場合には品質試験を行わなくとも用いることができますが,それ以外の水は同附属書9に示された試験を行い,同附属書に示される品質基準に適合していることが求められています.上水道水以外の水とは,河川水,湖沼水,井戸水,地下水など,上水道水として浄化処理のなされていない水及び工業用水で,附属書9には表3.5の規定が示されています.

また,回収水は生コンクリート工場で,プラントのミキサやアジ

表3.5 上水道水以外の水の品質(JIS A 5308 附属書9表1)

項目	品質
懸濁物質の量	2 g/l以下
溶解性蒸発残留物の量	1 g/l以下
塩化物イオン(Cl^-)量	200 ppm 以下
セメントの凝結時間の差	始発は30分以内,終結は60分以内(上水道水の場合に対し)
モルタルの圧縮強さの比	材齢7日及び材齢28日で90%以上(上水道水の場合に対し)

3.1 コンクリートの材料

テータトラックのドラム内に付着したコンクリート，及び現場へ納入したコンクリートの残りを，水で洗浄して骨材を回収した際に発生する廃水を，環境保全，水資源の保護のため，コンクリート用練混ぜ水として再利用するものです．この回収水は，さらにセメントスラッジを含むスラッジ水と，沈殿槽でスラッジを分離した上澄み水とに分かれますが，いずれの場合にも表3.6に示した回収水の品質基準に適合したものを用います．なお，回収水の品質基準には表3.5に示された項目は含まれていませんが，回収水はその原水が上水道水又は表3.5の品質基準をクリアしたものが用いられていますので，二重の検査となるのを省いたものです．

無筋コンクリートの場合は，海水を練混ぜ水として用いても支障はありませんが，上述した理由により鉄筋コンクリートに用いることはできません．

経験的には以前から飲料水として用いられている水は，コンクリート用練混ぜ水として用いても差し支えありませんが，上水道水として公的に証明されている以外の場合には，上水道水以外の水としての試験を実施し，その品質が基準値に適合していることを確認しておくことが必要です．

なお，スラッジ水を練混ぜ水として用いる場合には，それを使用するコンクリートの配合におけるセメントの質量に対するスラッジ

表3.6 回収水の品質(JIS A 5308 附属書9 表2)

項　　目	品　　質
塩化物イオン(Cl^-)量	200 ppm 以下
セメントの凝結時間の差	始発は30分以内，終結は60分以内 (上水道水の場合に対し)
モルタルの圧縮強さの比	材齢7日及び材齢28日で90%以上 (上水道水の場合に対し)

水中の固形分の質量の割合（スラッジ固形分率）が3％以下であることが，JIS A 5308 附属書9 に示されています．

（3） 骨材の種類と物性・機能

コンクリート用骨材は，通常の場合，セメントのように化学変化を起こしてコンクリートを固める作用を有するものではありませんが，コンクリート容積の中でおよそ60％以上を占めていますので，大男のわき役的存在です．

一般的なコンクリートに使用される骨材は，もともと河川の上流地域で崩落してきた岩石が，自然の水の力で流されながら，砂利(5 mm以上のもの)や，砂(5 mm以下)となって河床に堆積していたものを採掘，水洗，ふるい分け選別により骨材として生産していたものです．したがって粒形も丸味があり，コンクリートの流動性を得るうえでも有効な天然骨材であったのです．しかし，1960年ごろには生コンクリート用骨材だけでも年間6 000万トン，1975年ごろには2.3億トン，1996年には3.4億トンもの骨材需要があり，他の分野で使用される骨材を含めると，2001年には生コンクリートの需要が少し減じたものの2.7億トンの需要でした．これとコンクリート2次製品やコンクリート以外の道路舗装，鉄道道床など他の分野で利用されているものを含めると2000年には8億トンを超えていたものと推定されます．このような膨大な需要量となると，とうてい天然骨材のみでは需要を満たすことができなくなり，天然骨材の砂利に代わり加工骨材の砕石が，同じく砂に代わり砕砂が多用されるようになってきています．現在のところ，わが国全体ではコンクリート骨材としては砕石が50％を，砕砂が20％を超える使用割合となっています．今後この傾向は増加するものと予測されています．

3.1 コンクリートの材料

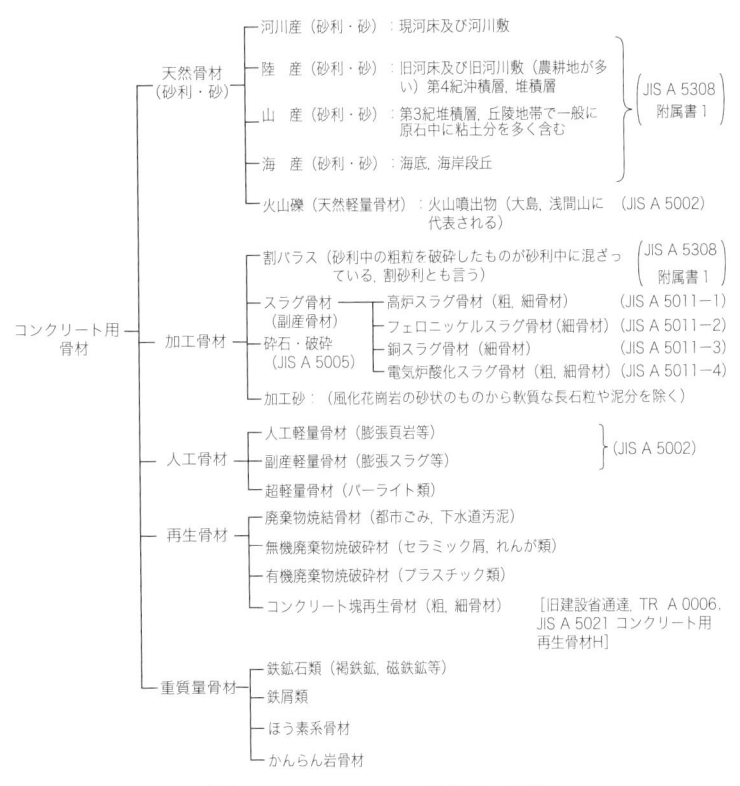

```
                      ┌ 河川産（砂利・砂）：現河床及び河川敷
                      │
            天然骨材  ├ 陸 産（砂利・砂）：旧河床及び旧河川敷（農耕地が多　┐
            （砂利・砂）│                    い）第4紀沖積層，堆積層         │
                      │                                                  ├（JIS A 5308
                      ├ 山 産（砂利・砂）：第3紀堆積層，丘陵地帯で一般に   │  附属書1）
                      │                    原石中に粘土分を多く含む        │
                      │                                                  │
                      ├ 海 産（砂利・砂）：海底，海岸段丘                 ┘
                      │
                      └ 火山礫（天然軽量骨材）：火山噴出物（大島，浅間山に  （JIS A 5002）
                                              代表される）

                      ┌ 割バラス（砂利中の粗粒を破砕したものが砂利中に混ざっ　┐（JIS A 5308
                      │           ている，割砂利とも言う）                  │  附属書1）
                      │                                                    ┘
                      ├ スラグ骨材 ──── 高炉スラグ骨材（粗，細骨材）       （JIS A 5011-1）
            加工骨材  │ （副産骨材）     フェロニッケルスラグ骨材（細骨材）  （JIS A 5011-2）
                      ├ 砕石・砕砂                銅スラグ骨材（細骨材）      （JIS A 5011-3）
                      │ （JIS A 5005）     電気炉酸化スラグ骨材（粗，細骨材）（JIS A 5011-4）
                      └ 加工砂：（風化花崗岩の砂状のものから軟質な長石粒や泥分を除く）

コンクリート用      ┌ 人工軽量骨材（膨張頁岩等）             ┐
骨材        人工骨材 ├ 副産軽量骨材（膨張スラグ等）           ├（JIS A 5002）
                    └ 超軽量骨材（パーライト類）              ┘

                      ┌ 廃棄物焼結骨材（都市ごみ，下水道汚泥）
            再生骨材  ├ 無機廃棄物焼破砕材（セラミック屑，れんが類）
                      ├ 有機廃棄物焼破砕材（プラスチック類）
                      └ コンクリート塊再生骨材（粗，細骨材）   ［旧建設省通達，TR A 0006，
                                                              JIS A 5021 コンクリート用
                                                              再生骨材H］

                      ┌ 鉄鉱石類（褐鉄鉱，磁鉄鉱等）
            重質量骨材├ 鉄屑類
                      ├ ほう素系骨材
                      └ かんらん岩骨材
```

図 3.2　コンクリート用骨材の種類

骨材の種類を図 3.2 に，また骨材の品質に関する基準値を表 3.7 に示します．密度や吸水率は骨材の母岩である岩石の種類によっても異なりますが，火山礫を除く，天然骨材や砕石，砕砂において絶乾密度 2.5 以下で吸水率が 3％を超えるものは，コンクリートへの影響を十分確認して使用することが必要とされています．

また，骨材の重要な性質として最大粒径とともに，その粒度分布

表3.7 代表的な骨材の品質基準(JIS A 5308附属書1及びJIS A 5005による)

試験項目＼骨材の種類	砕　石	砕　砂	砂　利	砂
絶乾密度	2.5以上	2.5以上	2.5以上 2.4以上(承)	2.5以上 2.4以上(承)
吸水率　％	3.0以下	3.0以下	3.0以下 4.0以下(承)	3.5以下 4.0以下(承)
粒形判定実積率　％	55以上	53以上		
粘土塊量　％			0.25以下	1.0以下
洗い試験で失われる量　％	1.0以下	7.0以下 5.0以下(舗)	1.0以下	3.0以下 5.0以下 (非すりへり)
有機不純物				標準色液よりも濃くないこと
安定性　％	12以下	10以下	12以下	10以下
すりへり減量　％	40以下 35以下(舗)		35以下(舗)	
軟らかい石片　％	5.0以下(舗)		5.0以下(舗)	
石炭，亜炭等で比重1.95の液体に浮くもの　％			0.5以下 1.0以下 (非重要)	0.5以下 1.0以下 (非重要)
塩化物　％ (NaClとして)				0.04以下 〔(承)0.1％〕 プレテン0.02以下 〔(承)0.03％〕

(舗)：舗装に用いられる場合，(承)：コンクリートの購入者の承認を得た場合，(粗)：粗骨材，(非すりへり)：すりへりを受けない場合，(非重要)：外観が重要でない場合

があげられます.コンクリートの製造において,この粒度分布が変動すると,同じ軟らかさのコンクリート(たとえばスランプの値が同じコンクリート)でも使用する水の量が異なることになります.このため,コンクリートの製造中に粒度分布が大きく変動したのを気づかずにいると,設計配合より単位水量が多くなったり,所定の軟らかさのコンクリートが得られないことになり,コンクリートの品質が大幅に変動することにもなります.コンクリートの製造は,計量と混合という単純な工程のみで,材料そのものを加工することはほとんどなく,そのためコンクリートの容積の60〜70％も占める骨材の品質が変動すれば,コンクリートの品質(作業性,強度など)の変動に直結することになります.

このように,コンクリートの製造においては,骨材の品質がコンクリートの品質を支配するといっても過言ではありません.それほど大切なものが骨材なのですが,先に述べましたように天然骨材の量および品質の確保は,資源の枯渇と相まって困難さが増しているのが現状です.一方,加工骨材の代表的なものは,砕石,砕砂です.これはもともと工業生産の加工品ですので,天然骨材に比べて安定したものを作りやすいと思われますが,硬質な岩石は骨材の品質としては好ましいのですが,良い粒径の骨材を生産するにはコスト高となるのが難点です.

人工軽量骨材は,膨張性頁岩の破砕物又は破砕粉あるいはフライアッシュなどを原料に造粒し,1 200℃前後で焼成・膨張させて製造されるもので,軽量コンクリートの骨材として用いられます.焼成の際に成分の一部がガラス化し発泡することにより骨材粒の容積が膨張し,軽量化するものです.天然の火山砂利に比べて骨材粒の強度が強いところから,構造用軽量コンクリートに用いられます.このほかパーライトやひる石,黒耀石などを焼成発泡させた骨材は,

さらに著しく軽くなります．そのため骨材の強度はきわめて低いものですが，水に浮く超軽量コンクリート($0.2 \sim 0.6\,g/cm^3$ 程度)としての，非構造用コンクリートを作るのに用いられます．

また，産業廃棄物(副生物)の有効利用として高炉スラグ及びその他の，各種スラグを原料とした副産骨材は，再生資源の有効利用の面で注目されています．

再生骨材はコンクリート廃棄物の再生利用の面から，その活用が注目されていますが，これも良質な再生骨材(天然骨材や砕石，砕砂の品質基準をクリアできるもの)を生産するほど歩留りが悪く不要物(2次廃棄物)の発生量が多くなるために，その処分や再利用も含めて相当なコスト高となり，一般の骨材との価格競争には勝てないのが現状で，いまのところごく一部で試験的に生産されているにすぎません．

このような背景から2次廃棄物の抑制やコストダウン，資源の有効利用を目的に低強度コンクリート[呼び強度 $12 \sim 18\,(N/mm^2)$]への再利用を図る目的で，再生骨材を用いたコンクリートの技術情報(TR R 0006)が2000年に公示されました．詳しくは9.8コンクリートのリサイクルを参照して下さい．

今後はさらに下水泥汚や都市ゴミ焼却灰の熔融スラグの骨材化によるコンクリートへの再利用技術が開発され始めています．

このほか，骨材の性質としては1970年代に日本各地で発生したために問題となったアルカリシリカ反応の問題があります．これは骨材中の活性珪酸質とセメント中のアルカリ分(K_2O，Na_2Oを指す．CaOもアルカリですが，セメントの主成分であり反応は全く別なので，アルカリ分の中には加えない)とが，水の介在で長期にわたって反応ゲルを発生し，それが骨材界面のモルタル中の間隙でさらに吸水膨張を続けるために，その反応の起きやすいコンクリー

トの表面付近から膨張圧で亀甲状のひびわれが発生し、そのひびわれから雨水や海水のしぶきに含まれる塩分の浸透によりNa_2OやK_2Oのアルカリが供給されることにより、反応をさらに促進します。鉄筋コンクリートにあっては、その塩分とともにひびわれから侵入する酸性物質の影響で鉄筋の発錆を起こし、酸化にともなう鉄筋の膨張圧でコンクリートのひびわれがさらに大きくなり、コンクリート構造物を損傷させる現象です。この現象は従来は日本では生じないとされていたのですが、セメント中のアルカリ量が増加の傾向にあったり、活性度の高いシリカを含んでいる骨材を用いたり、加えて海産骨材の使用などで、塩分がコンクリート中に導入されたことが原因で、各地でその発生が認められるようになりました。しかし、現在ではセメント中のアルカリ量はかなり少なくなり、骨材の反応性試験も義務づけられ、骨材やコンクリート中の塩化物量も規制され、さらに、反応性骨材でもコンクリート中のアルカリ総量を3 kg/m³以下(Na_2O換算)にするか、あるいは混合セメント(高炉セメントのB, C種, フライアッシュセメントのB, C種)を用いる対策により反応を抑制する方法を採ればよいことになりました。

(4) 混和材料

コンクリートの主原料は上述したように、セメント、水、骨材(細骨材, 粗骨材)ですが、コンクリートの品質改善、向上の目的でコンクリート用混和材料が用いられます。この混和材料にも多くの種類がありますが、大別すると、混和材と混和剤とに分かれます。両者の間に明確な境界はありませんが、前者はコンクリート中に占める容積が無視できない量を使用することと、一般的に粉体で扱われます。これに対して後者の方は大半が水溶液で、その水は練混ぜ

水の一部として寄与するので、コンクリート中に占める薬剤そのものの容積(固形分の)はほとんど無視できるものです。表3.8に代表的な混和材料の種類を示します。

混和材のうち、最もよく使用されるフライアッシュ及び高炉スラグ粉末は、コンクリートの製造の際にセメントとは別途に計量・添加されるケースもありますが、一般的には混合セメントとしてフライアッシュセメント(フライアッシュの添加量の少ないほうからA，B，Cの3種類)、高炉セメント(高炉水滓スラグの添加量の少ないほうからA，B，Cの3種類)が用いられることのほうが圧倒的に多いのが現状です。

いずれにしても混和材の添加は、流動性の向上、水和反応熱の低減、硬化乾燥収縮量の低減、水密性の向上などコンクリートの性状を改善するものです。中でもシリカヒュームはここ10数年来注目を浴びてきた混和材で、超高強度コンクリートを作る際の流動性の確保、単位水量の低減、高強度の発現などに欠くことができないも

表3.8 混和材料の種類

混和材料	混和材	フライアッシュ，高炉スラグ粉，収縮低減材，防水材，シリカヒューム	
	混和剤	コンクリート用化学混和剤	AE剤(空気連行剤)
			AE減水剤・減水剤(促進型，標準型，遅延型)
			高性能AE減水剤・高性能減水剤(促進型，標準型，遅延型)
		流動化剤，増粘剤，水中不分離性混和剤	
		促進剤，遅延剤	
		防水剤，収縮低減剤	
		気泡剤，起泡剤，発泡剤	

のとなっています．

　まだ実用化段階には至っていませんが，もみがらを焼却した際に発生する灰もシリカヒュームに類似した性質をもち，資源の有効利用の面でも，今後の展開が注目される混和材です．

　一方，混和剤のうち，AE剤はコンクリート混合時に微細な気泡(80～300μm程度)を発生させ，それによりワーカビリティを良くして単位水量の削減を図る[一般的にAE剤を用いないコンクリート(プレーンコンクリート)に比べて6～8％程度の減水率]とともに，そのまま硬化体の中に独立気泡が残ることにより，コンクリートの凍結融解作用に対する抵抗性を高める働きをします．AE減水剤はAE剤の空気連行による減水効果に加え，界面活性効果によりセメント粒子を分散させ，水とセメントの接触をよくすることにより減水効果(一般的に空気連行効果と合せてプレーンコンクリートに対し10～13％の減水率)を高めたもので，現在ではほとんどのコンクリートに用いられている混和剤です．なおAE剤を含まない単に減水剤と呼ばれるものもあります．

　高性能AE減水剤及び高性能減水剤はさらにその減水機能を高めたもので，前者の単位水量の減水率は18％前後とされています．建設作業員の減少，老齢化の進む中，コンクリート工事もその影響を受け，コンクリートを型枠の中に流し込む作業や，その後の締固め作業をする作業員が不足しています．この解決のためコンクリートポンプで型枠へコンクリートを流し込めば，後は手をかけなくとも型枠の隅々まで分解せずコンクリートが行き渡り，品質の安定した均質なコンクリート構造物が得られるという高流動コンクリートには，この高性能AE減水剤はなくてはならない混和剤で，今後の大幅な利用増が見込まれています．

　このほか，水中コンクリートの分離防止に用いられる増粘剤(水

中不分離性混和剤)なども,水中工事や地下水のある土中の連続壁工法などに用いられるようになってきました.もはや今日のコンクリートは,これらの混和剤の使用なくしてはほとんど作られなくなっています.

このように,混和剤はコンクリートの品質,性能に大きな影響を与えるところから,AE剤,AE減水剤,高性能AE減水剤の品質については,コンクリート用化学混和剤としてJIS A 6204に規定されています.

3.2 コンクリートの配合

(1) コンクリートの配合は何を基準に決めるのか

コンクリートの種類は,表1.1に示したように非常に多くに分類され,使用目的に応じて,その条件に適したコンクリートの種類が用いられるわけですが,それだけで配合が決まるのではなく,さらに所要の強度,耐久性,経済性などを加味し,工事箇所または生コンクリート工場の最寄地域で得られる骨材の品質に応じてコンクリートの配合が決定されます.少し前までは図3.3に示すのが良いコンクリートを作る条件でした.すなわち,可能な限り硬いコンクリートで水セメント比を小さく,粗骨材寸法を大きく,そして多くというのが高品質で耐久性が高く,経済的なコンクリートという考え方は,今でも基本的には変わりはありません.

しかし,構造物の高層化,高強度化,長大化とともに,コンクリート断面中の鉄筋量の増加,建設作業員の減少,施工の信頼性の向上などの面から,均等性の高いコンクリート構造体を作るには,その流動性,充塡性,鉄筋通過性,分離抵抗性を高める必要性が生じてきました.すなわち粗骨材量が多く,可能な限り固い(スランプ

3.2 コンクリートの配合

```
                  連行空気量を適当に
                  水セメント比を小さく
                  単位水量を少なく
                     粒度のよい骨材 : 砂量を少なく
                     丸みのある骨材 : 適度の微細セメント
                     プラスチックな配合（水量を過多にしない）
                  均質なコンクリート
                     ワーカブルな配合  完全な混合
                     適当な取扱い    振動
                  適当な養生
                     適当な温度   最小の湿度損失
                  優良な骨材
                     水 密      構造的安定性
                     最大寸法を大きく
                  安定なセメント
                     C₃A、MgO遊離CaOを少なくNa₂O、K₂Oを少なく、
                     ただし、偽凝結しないこと
```

水密性		容積変化の少ないこと

                          風化抵抗
                            温度変化
                            湿度変化
                            凍結融解

化学作用抵抗	耐久性	すりへり抵抗
浸 出（溶解）		流水
その他の作用		機械的すりへり
外的		
自己原因的		

良い均質のコンクリート

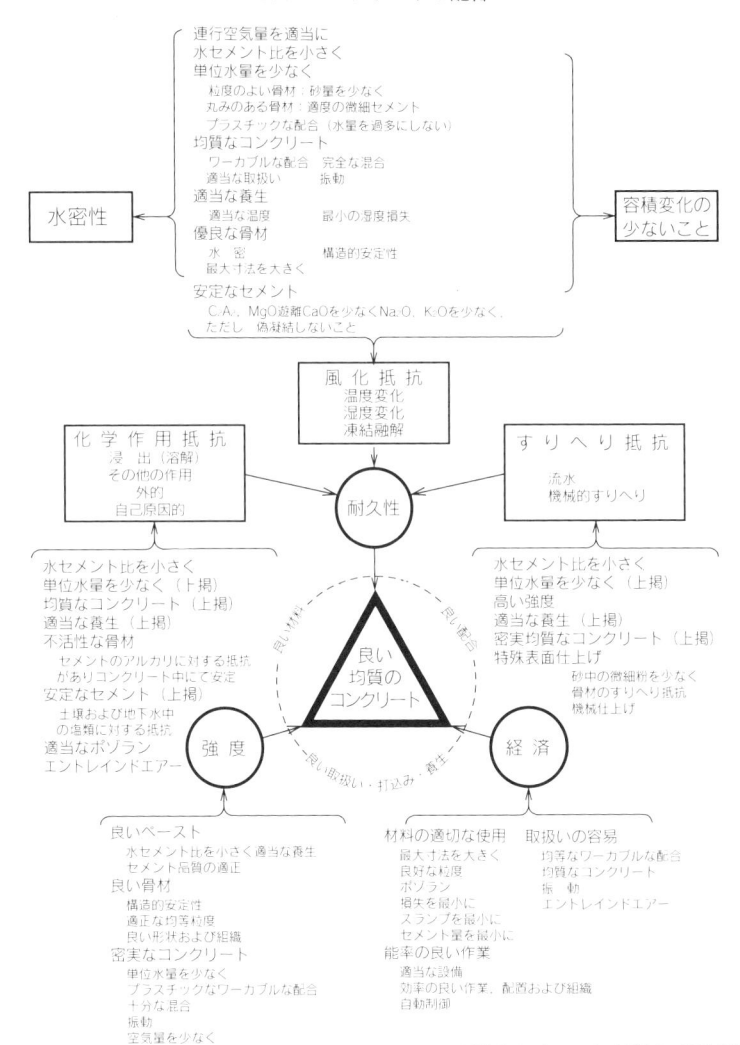

強 度 ── 経 済

```
水セメント比を小さく              水セメント比を小さく
単位水量を少なく（上掲）            単位水量を少なく（上掲）
均質なコンクリート（上掲）           高い強度
適当な養生                    適当な養生（上掲）
不活性な骨材                   密実均質なコンクリート（上掲）
  セメントのアルカリに対する抵抗     特殊表面仕上げ
  がありコンクリート中にて安定        砂中の微細粒を少なく
安定なセメント（上掲）              骨材のすりへり抵抗
  土壌および地下水中            機械仕上げ
  の塩類に対する抵抗
適当なポゾラン
エントレインドエアー
```

```
良いペースト                    材料の適切な使用            取扱いの容易
  水セメント比を小さく適当な養生      最大寸法を大きく           均等なワーカブルな配合
  セメント品質の適正               良好な粒度               均質なコンクリート
良い骨材                       ポゾラン                 振 動
  構造的安定性                  損失を最小に             エントレインドエアー
  適正な均等粒度                 スランプを最小に
  良い形状および組織              セメント量を最小に
密実なコンクリート                 能率の良い作業
  単位水量を少なく                適当な設備
  プラスチックなワーカブルな配合      効率の良い作業、配置および組織
  十分な混合                    自動制御
  振動
  空気量を少なく
```

図3.3 良いコンクリートの主要な性質，その関係及びこれを支配する要素[4]

の小さい)コンクリートを十分に締め固めるという条件のもとでは,高度な熟練者や作業員の確保が困難な状況になっています.このため,均等性の高いコンクリート構造物を作り上げるには,可能な限り固いコンクリートを用いるという基本からはずれるのもやむをえない状況です.幸い高性能AE減水剤の出現がコンクリートの品質の低下を防いで流動性を高め,加えて,作業性及び充填性の向上,高強度化,低水セメント比化による耐久性の向上に寄与しています.

さらに,現在のコンクリートでは,図3.4に示すように,工事中

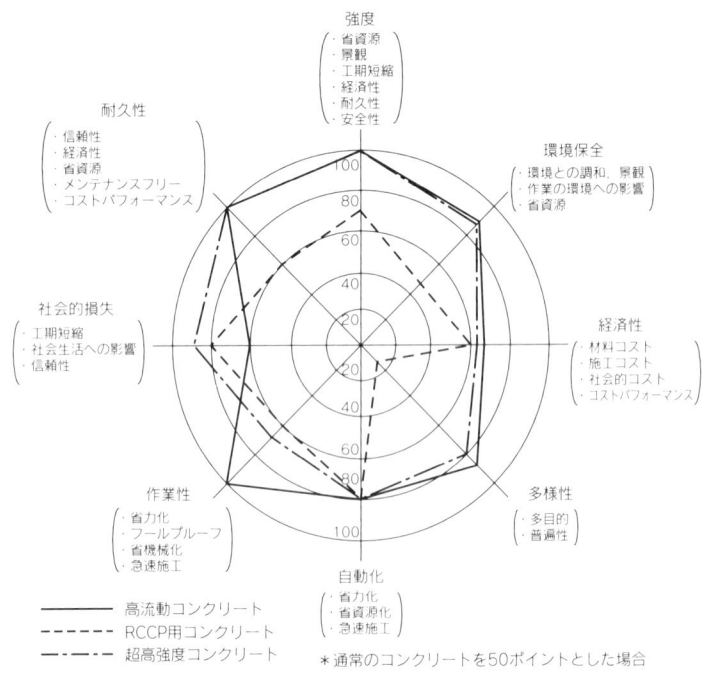

図3.4 コンクリートの評価条件

の環境への影響，工事期間，コンクリート工事における省資源，完成後の景観の問題など図3.2の条件に付け加えて考慮し，コンクリートの配合を決定する必要があります．

このような条件を加味しながら，使用するコンクリートの配合が決められますが，その基本は構造物の設計基準強度に基づく目標強度の決定，ワーカビリティ（一般にスランプ）から定まる単位水量，細骨材率の決定で，この3項目の決定ができ上がれば，後は簡単な計算で各材料の単位量が求められます．図3.5に配合設計の基本的な流れを示します．

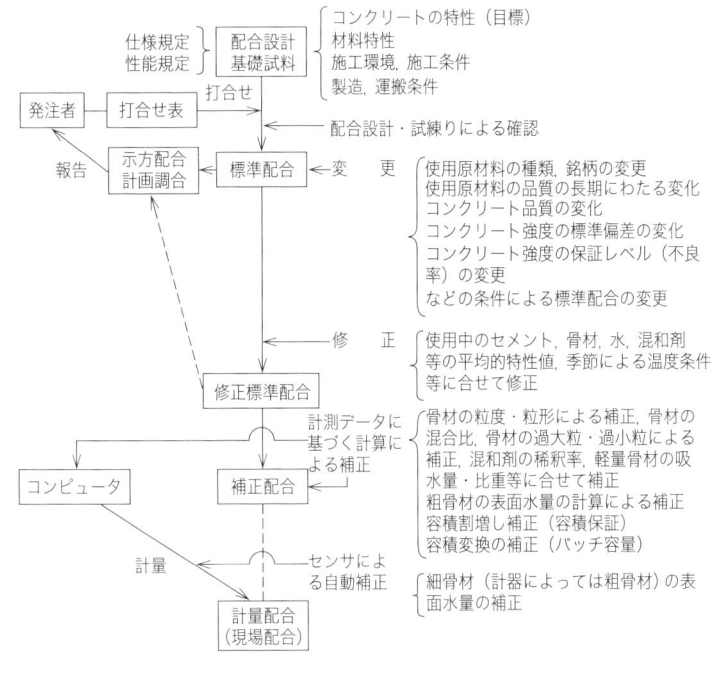

図3.5 コンクリートの配合設計関係の作業の流れ

(2) コンクリートの強度はどうして決める

コンクリートの強さは水とセメントの比で定まることが，アメリカのエブラムスにより1918年に「水セメント比説」として提唱されました．それは，フレッシュコンクリートがプラスチックでワーカブル(固すぎず，軟らかすぎず，適度の粘性と分離抵抗性のある状態)な場合に，コンクリートの強度をσ，主として骨材の品質に関する定数をA，使用するセメントと骨材の品質及びコンクリートの材齢などによって決まる定数をB，セメントの単位量をc，水の単位量をwとして，

$$\sigma = A/B^{w/c} (図3.6参照)$$

の関係が示されました．その後1932年に，考え方は全く同じですが，ノルウェーのリースにより，「セメント水比説」が提唱され，A, Bを試験や材料の条件により定まる定数として，

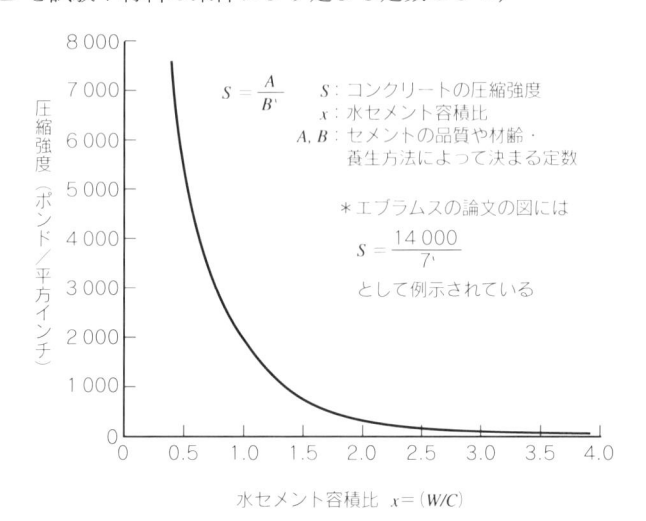

図中:
$$S = \frac{A}{B^x}$$
S：コンクリートの圧縮強度
x：水セメント容積比
A, B：セメントの品質や材齢・養生方法によって決まる定数

＊エブラムスの論文の図には
$$S = \frac{14\,000}{7^x}$$
として例示されている

縦軸：圧縮強度 (ポンド／平方インチ)
横軸：水セメント容積比 $x = (W/C)$

図3.6 エブラムスの「水セメント比説」[5]

3.2 コンクリートの配合

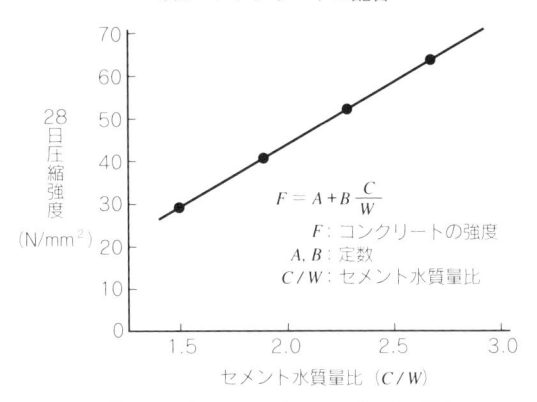

$$F = A + B\frac{C}{W}$$

F：コンクリートの強度
A, B：定数
C/W：セメント水質量比

図 3.7 リースの「セメント水比説」

$$\sigma = A + B \cdot \frac{c}{w} \text{(図 3.7 参照)}$$

で表しました．エブラムスの式が対数曲線であるのに対し，リースの式は直線式で表され，強度がセメント水比に対して正比例の関係にあり，非常に使いやすいことから，現在でも「リースライン」と呼ばれ，コンクリートの配合における目標強度とセメント水比との関係式の基本型として用いられています．

この「リースライン」を求めるには，コンクリートを製造する工事現場や生コンクリート工場が，一定の材料を使用することを前提として，それと同じ材料を用いて，セメント水比の異なるコンクリートの試し練りを行って供試体を作り，所定の材齢(通常 28 日)までの標準水中養生($20 \pm 2°C$)を行った後に試験をした結果から，セメント水比と実強度をもとにして，最小自乗法により回帰直線式を求めれば，それが同じ材料を用いたコンクリートの強度とセメント水比の関係式となります．もし，生コンクリート工場などで長期間

にわたって品質管理や製品検査のデータが豊富にある場合には,わざわざ試し練りをしなくとも,それらのデータを用いて最小自乗法によりリースラインが求められます.ただし,その場合セメント水比の各群(たとえばセメント水比を 1.4 から 2.4 までの間を 0.2 きざみで群分けする)のデータ数はできるだけ同数に近いことが望まれます.

(3) 目標強度の決め方

コンクリートの強度は同じ生産者の材料を用いても,材料の品質の変動,計量誤差,試験誤差などの影響を受けて,図 3.8 に示すように若干のばらつきが発生します.したがって,設計基準強度に対する所定の判定基準(合否判定値,平均値の保証,不良率の保証など)で合格するためには,コンクリートの配合における目標強度は,

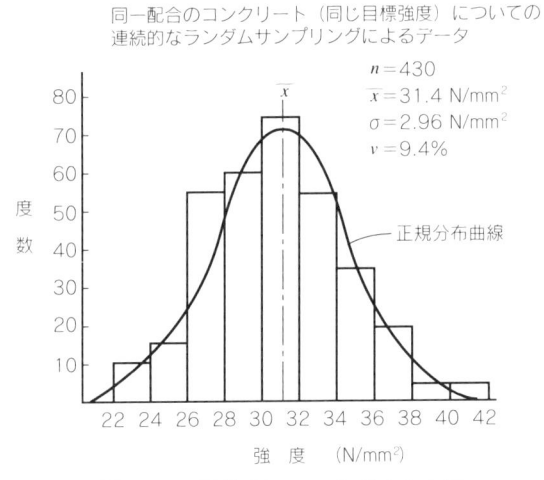

同一配合のコンクリート(同じ目標強度)についての連続的なランダムサンプリングによるデータ

$n = 430$
$\bar{x} = 31.4 \text{ N/mm}^2$
$\sigma = 2.96 \text{ N/mm}^2$
$v = 9.4\%$

正規分布曲線

図 3.8 圧縮強度のヒストグラムの例

3.2 コンクリートの配合

設計基準強度に割増しを加えた強度とする必要があります．割増しの例を図 3.9 に，また，それに基づく，設計基準強度と目標強度との関係を図 3.10 に示します．

コンクリート打込み後の強度の発現は，養生期間中の環境温度の影響を大きく受けるところから，JASS 5 に基づく場合には目標強度の採り方として，コンクリート打込み後の予想平均気温により，低気温期には温度補正値を目標強度に加算する方法を採用しています．以上の割増しを式で表すと次のようになります．

　　(目標強度)＝(設計基準強度又は耐久設計基準強度の大きい
　　　　　　方)＋(温度補正強度)＋(割増強度)
　　　　　　　　　………………………………〔JASS 5 の場合〕
　　ただし，耐久設計基準強度は計画供用期間の級が，一般の場
　　合で 18，標準で 24，長期で 30．
　　(目標強度)＝(設計基準強度)×割増係数
　　　　　　　　　………………………………〔RC 示方書の場合〕

また，JIS の規格品では表 3.9 に示すように，圧縮強度の場合には〔(設計基準強度)＋(各種補正強度)〕又は〔設計基準強度〕にあたる「呼び強度」の 16 から 40(無名数ですが N/mm² 単位とみなします)の間をほぼ 2～4 刻みで区切り，また，曲げ強度の場合には 4.5(圧縮の場合と同様)と定めていて，それと骨材最大寸法とコンクリートのスランプとの組合せで配合区分が標準化されています．

このように目標強度は生コンクリート工場ごとに，それぞれの工場の設備，品質管理能力，材料に応じたリースラインと強度の割増しの値とを用いて定められています．

なお，RC 示方書と，JASS 5 とで目標強度の採り方に差があるのは，前者は養生期間として，所定の強度に達するまでを見込むのに対し，後者では季節にかかわらず同じ養生期間で次工程を開始す

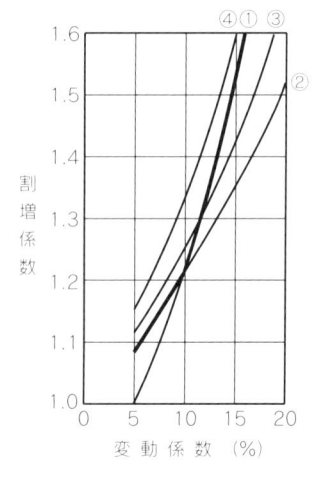

① $m = 0.85 S_L + 3\sigma = \dfrac{0.85 S_L}{1 - 3\dfrac{V}{100}}$

② $m = S_L + 1.73\sigma = \dfrac{S_L}{1 - 1.73\dfrac{V}{100}}$

(JIS A 5308)

③ $m = S_L + 2\sigma = \dfrac{S_L}{1 - 2\dfrac{V}{100}}$

④ $m = S_L + 2.5\sigma = \dfrac{S_L}{1 - 2.5\dfrac{V}{100}}$

ただし，m：目標強度（N/mm²）
S_L：設計基準強度又は呼び強度（N/mm²）
σ：標準偏差（設計上の：N/mm²）
V：変動係数（設計上の：%）
①及び②：JIS A 5308の合格判定基準を限界としたケース
③：正規偏差を2としたケース
④：正規偏差を2.5としたケース

太線はJISの条件を満足する割増係数

図 3.9　変動係数と割増係数との関係及び目標強度の定め方

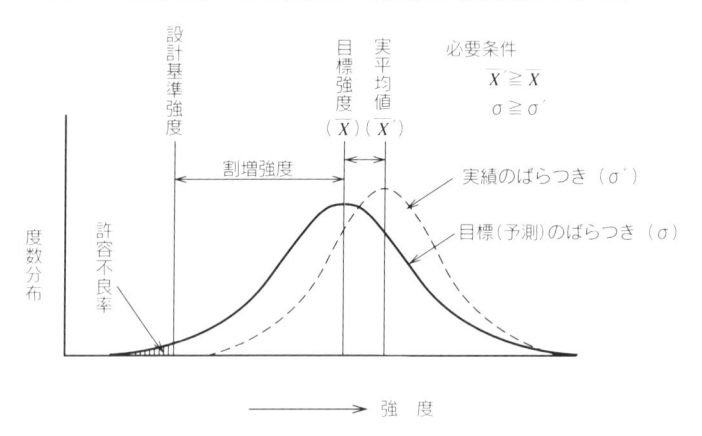

必要条件
$\overline{X} \geqq \overline{X'}$
$\sigma \geqq \sigma'$

図 3.10　設計基準強度と目標強度との関係

3.2 コンクリートの配合

るのに必要な強度を得るためのものです.

また，RC示方書では性能照査型への移行に伴ってコンクリートの配合設計時には，強度に加え以下の項目について性能照査を行うことになっています．すなわち，中性化速度係数，塩化物イオンに対する拡散係数，相対動弾性係数，耐化学浸食性，耐アルカリ骨材反応性，透水係数，耐火性，断熱温度上昇特性，乾燥収縮特性，凝結特性があります．これらへの対応で所要の性能を保持するには，セメントの種類，水セメント比，単位水量などに負うものが少なくありません．したがって強度のみを満足することで達成するとは限りませんので，強度以外に材料まで含めて配合の適合性を照査することが必要となります．詳細はRC示方書施工編を参照下さい．

表3.9 レディーミクストコンクリートの種類(JIS A 5308)

コンクリートの種類	粗骨材の最大寸法 mm	スランプ又はスランプフロー[1] cm	呼び強度													
			18	21	24	27	30	33	36	40	42	45	50	55	60	曲げ4.5
普通コンクリート	20, 25	8, 10, 12, 15, 18	○	○	○	○	○	○	○	○	○	○	-	-	-	-
		21	-	○	○	○	○	○	○	○	○	○	-	-	-	-
	40	5, 8, 10, 12, 15	○	○	○	○	○	○	○	○	-	-	-	-	-	-
軽量コンクリート	15	8, 10, 12, 15, 18, 21	○	○	○	○	○	○	○	○	-	-	-	-	-	-
舗装コンクリート	20, 25, 40	2.5, 6.5	-	-	-	-	-	-	-	-	-	-	-	-	-	○
高強度コンクリート	20, 25	10, 15, 18	-	-	-	-	-	-	-	-	-	○	-	-	-	-
		50, 60	-	-	-	-	-	-	-	-	-	-	○	○	○	-

注[1] 荷卸し地点の値であり，50 cm及び60 cmがスランプフローの値である．

（4） フレッシュコンクリートの軟かさは何で表す

コンクリート構造物の形状，鉄骨・鉄筋などの補強材の量や組立て状態によって，施工(打込み)に適した軟らかさのコンクリートが必要となります．この施工に適した軟らかさのことをワーカビリティ(作業性，また施工性)と呼び，その困難さを表すものとしてコンシステンシーという言葉が用いられていますが，両用語ともに概念的・感覚的な表現で数値化はされていません．一般的にはスランプ試験(図3.11参照)による値で表現されています．すなわち，コンクリートの施工軟度をスランプ値をものさしとして用いているわけです．スランプ試験方法とは図3.11に示す上下端に蓋のない中空のコーンに，コンクリートを各層25回突固めの3層詰めとして天端を均し，そっと引き上げ，コンクリートが静止したときの最初の30 cmから，スランプしたコンクリートの頂部までの下り高さを0.5 cm単位で表したもので，一般にはこのスランプだけでコンク

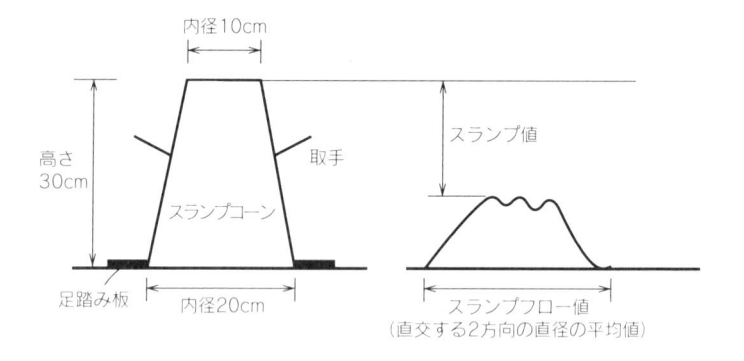

コンクリートの試料を1層当たり25回突き，計3層で詰め上面を均します．

コーンを静かに引き上げ，コンクリートの沈下が静止したら測定します．

図3.11 スランプ試験の概要

リートの軟らかさ，すなわち，ワーカビリティの指標としています．このスランプ(一般にスランプ値を略して)の大小は，コンクリートの配合の中でも主として単位水量によって決まります．単位水量を大きくすれば，スランプは大となり，単位水量を小さくすればスランプは小さくなります．なお，フレッシュコンクリートの状態の良否の判定は一般的なコンクリートの場合には「プラスチックでワーカブルである」こととされています．このプラスチックな状態とはわずかな力で容易に変形し，力を除けばそのままの形状で元には戻らない状態，すなわち，可塑性の良いことをいい，ワーカブルとは，そのコンクリートを打ち込む施工方法，機械性能，仕上げのしやすさなどに最も適し，施工中に分離したり充填不足が生じないコンクリート軟度であることを意味し，したがって軟らかければ良いというものではありません．たとえば，ビルの基礎部分で鉄筋量の多い構造物にとってはスランプ 18 cm といったスランプの大きいコンクリートがワーカブルですが，機械施工のコンクリート舗装にとってはスランプ 2.5 cm がワーカブルということになります．

施工箇所や施工条件に応じたスランプの標準値を表 3.10 に示します．

また，高流動コンクリートでは同じスランプコーンを用いスランプフローとスランプフロータイムを測定します．詳細は 9 章(1)を参照して下さい．

(5)　単位水量を決める

この単位水量は図 3.12 に示す多くの要因を受けて変化しますので，現在のところ，経験的にはおよその値は推定できますが，コンピュータ処理で正確な値の推定をするには至っていません．結果的には過去の資料や経験をもとに推定した値で試し練りを行って，フ

表3.10 スランプの標準値(RC示方書より)

種　　　類		スランプ(cm)*
鉄筋コンクリート	一般の場合	5〜12
	断面が大きい場合	3〜10
無筋コンクリート	一般の場合	5〜12
	断面が大きい場合	3〜 8
軽量骨材コンクリート		5〜12
高性能AE減水剤を用いたコンクリート		18以下
流動化コンクリート		18以下
水中コンクリート		
トレミー,コンクリートポンプで打込み		13〜18
底開き箱,底開き袋で打込み		10〜15
場所打ち杭,地下連続壁に使用		15〜21
水中不分離性コンクリート	「スランプフロー」で表示する. 施工場所に応じ,35〜60 cm	
舗装コンクリート		2.5** (沈下度で約30秒)
ダムコンクリート		2〜 5

(注)　*これらのスランプは打込み箇所における値をあらわしています.

　　　**アジテータトラックを使用する場合は,6.5 cm.

レッシュコンクリートの状態と単位水量の適否を判定するトライアルを繰り返しながら,最適な単位水量と後述する細骨材率とを決定するわけです.一般的には単位水量の推定のために表3.11が提案されています.

なお,RC示方書では単位水量の上限値として175 kg/m³,JASS 5仕様書では一般のコンクリートに関しては同じく185 kg/m³が,高耐久コンクリートでは175 kg/m³が規定されていますの

3.2 コンクリートの配合

製造時の変動
- 表面水率の測定誤差
- 練混ぜ時間
- 材料温度
- 計量誤差
- 空気量調整誤差
- スランプ調整誤差

粗・細骨材品質の変動
- 粒形
- 粒度分布
- 過大粒・過小粒 (s/a)
- 微粒分量
- 砂当量(細)
- 表面水率

単位水量の変動に影響する因子

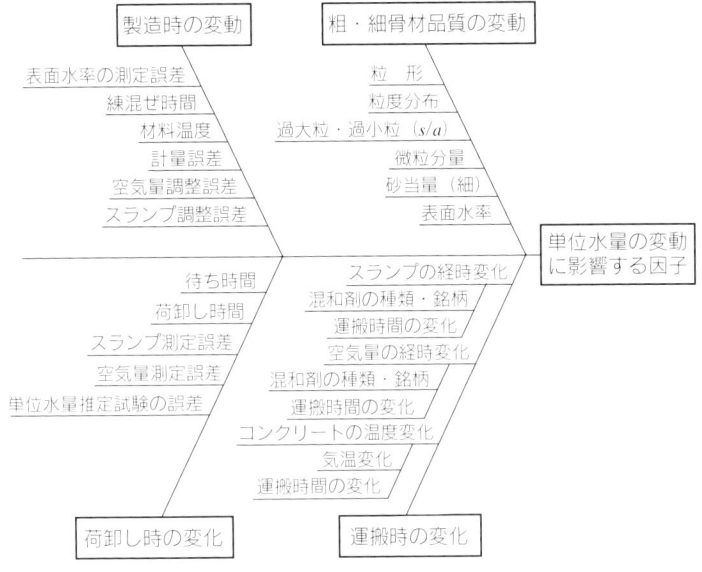

荷卸し時の変化
- 待ち時間
- 荷卸し時間
- スランプ測定誤差
- 空気量測定誤差
- 単位水量推定試験の誤差

運搬時の変化
- スランプの経時変化
- 混和剤の種類・銘柄
- 運搬時間の変化
- 空気量の経時変化
- 混和剤の種類・銘柄
- 運搬時間の変化
- コンクリートの温度変化
- 気温変化
- 運搬時間の変化

図 3.12 単位水量に影響を与える要因

で,配合設計(試し練りも含めて)においてその条件を満たし得ない場合には,より減水率の高いコンクリート用化学混和剤(63頁5行目〜26行目参照)や,粒形の良い骨材を用いることになりますが,後者の方法は骨材資源や地域性の面で容易ではありません.

(6) **細骨材率を求める**

コンクリートの配合における細骨材率は単位水量と同様に,プラスチックでワーカブルなコンクリートを作るためには,重要な要素です.この細骨材率も単位水量とほぼ同じ要因によって変わることになりますので,結果的には単位水量と並行して最適な値を求めます.したがって,細骨材率の決定には,単位水量と同様に熟練を必

表3.11 コンクリートの単位粗骨材容積, 細骨材率及び単位水量の概略値(RC示方書より)

粗骨材の最大寸法の (mm)	単位粗骨材容積 (%)	AEコンクリート				
		空気量 (%)	AE剤を用いる場合		AE減水剤を用いる場合	
			細骨材率 s/a (%)	単位水量 W (kg)	細骨材率 s/a (%)	単位水量 W (kg)
15	58	7.0	47	180	48	170
20	62	6.0	44	175	45	165
25	67	5.0	42	170	43	160
40	72	4.5	39	165	40	155

(注)(1) この表に示す値は, 全国の生コンクリート工業組合の標準配合などを参考にして決定した平均的な値で, 骨材として普通の粒度の砂(粗粒率2.80程度)及び砕石を用い, 水セメント比55%程度, スランプ約8 cmのコンクリートに対するものである.

(2) 使用材料またはコンクリートの品質が(1)の条件と相違する場合には, 上記の表の値を下記により補正する.

区　　分	s/aの補正(%)	Wの補正
砂の粗粒率が0.1だけ大きい(小さい)ごとに	0.5だけ大きく(小さく)する	補正しない
スランプが1 cmだけ大きい(小さい)ごとに	補正しない	1.2%だけ大きく(小さく)する
空気量が1だけ大きい(小さい)ごとに	0.5〜1だけ小さく(大きく)する	3%だけ小さく(大きく)する
水セメント比が5大きい(小さい)ごとに	1だけ大きく(小さく)する	補正しない
s/aが1大きい(小さい)ごとに	—	1.5 kgだけ大きく(小さく)する
川砂利を用いる場合	3〜5だけ小さくする	9〜15 kgだけ小さくする

なお, 単位粗骨材容積による場合は, 砂の粗粒率が0.1だけ大きい(小さい)ごとに単位粗骨材容積を1%だけ小さく(大きく)する.

要とし，最終的には試し練りで確認することになります．この場合も，配合設計の参考資料として一般的には表 3.11 が示されています．

なお，細骨材率を求める代わりに，粗骨材かさ容積法(スランプや水セメント比に関係なく，コンクリートの配合における粗骨材のかさ容積は，細骨材の粒度に対応して一定であるとする考え方)で，細骨材率の代わりに粗骨材の量を先に決めて，結果的に細骨材率を求める方法がありますが，この方法にしても骨材が多品種・多様化し，品質差の大きい現在では，最終的には試し練りによる確認が必要であることは変わりません．

(7) 単位セメント量を求める

目標強度が定まり，単位水量が求められる(又は仮定される)と，単位セメント量は簡単に計算できます．すなわち，先に述べたように，あらかじめ求めたリースラインの式は，$\sigma = A + B \cdot (c/w)$ ですから，σ に目標強度を代入して，まず c/w を求め，その値と c/w とが等しいと置いて，先に求めた単位水量 w を代入しますと，c (単位セメント量)が計算できるわけです．

(8) 連行空気量の設定

コンクリートのワーカビリティの改善，単位水量の低減，耐凍結融解抵抗性の向上といった面から，通常のコンクリートには AE 剤により混合時に空気泡が連行されます(図 3.13 参照)．耐凍結融解抵抗性に必要な連行空気量は表 3.12 とされています．一般的には粗骨材寸法が 25～20 mm の場合に，4～4.5％の連行空気量が設定されます．このため配合設計のための試し練りにおいても，所定の連行空気量となるよう AE 剤の添加量又は AE 減水剤のタイプの選

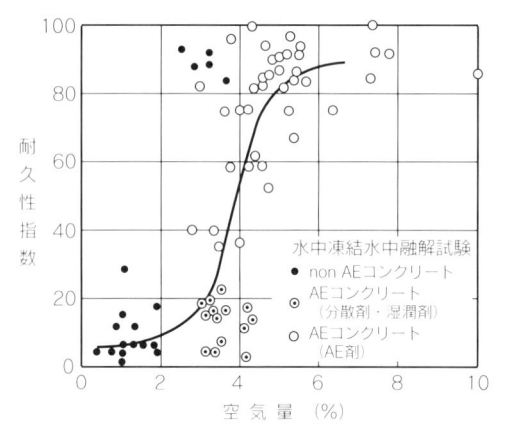

空気量（種々の水セメント比・スランプ・骨材による結果）

図 3.13 コンクリートの配(調)合と耐凍害性の関係[6]

択(タイプにより空気の連行量が異なる)が行われます．この空気量もコンクリート容積の一部を構成してますので，配合設計においては一つの材料の容積として計算に加えます．

(9) 単位粗・細骨材量の算出

コンクリートの材料は前出の図 1.3 に示したように，セメント，水，連行空気，骨材とで構成されています．ここまでに単位セメント量，単位水量，連行空気量が決定されましたので，残りの単位粗・細骨材量は以下の式で容易に算出できます．

$$\begin{matrix}\text{コンクリートの}\\ \text{単位容積}\\ (1000\ l)\end{matrix} = \left[\frac{\text{単位セメント量(kg)}}{\text{セメントの密度}} + \frac{\text{単位水量(kg)}}{\text{水の密度}} \right.$$

$$\left. + \left(\frac{\text{連行空気量(\%)}}{100} \times 1000\ l\right) + \text{骨材の絶対容積}\ l \right]$$

3.2 コンクリートの配合

すなわち,コンクリート中の骨材の絶対容積は次の式で表されます.

$$\begin{pmatrix}骨材の\\絶対容積\\(l)\end{pmatrix}=1000l-\left\{\begin{pmatrix}単位セメント\\量の絶対容積\\(l)\end{pmatrix}+\begin{pmatrix}単位水量の\\絶対容積\\(l)\end{pmatrix}+\begin{pmatrix}連行空気\\量の容積\\(l)\end{pmatrix}\right\}$$

したがって,いま右辺を $A_V(l)$ とすると単位粗骨材量及び単位細骨材量は

$$単位粗骨材量(\mathrm{kg}/1\,000\,l)=A_V\times\frac{100-細骨材率}{100}\times 粗骨材の密度$$

表3.12 所要空気量の標準値(RC示方書より)

種　　類			所要空気量(%)
一般のAEコンクリート			4～7[*1]
軽量骨材コンクリート			普通骨材の場合より1増やす
海洋コンクリート	凍結融解作用を受けるおそれのある場合	海上大気中 　粗骨材の最大寸法25 mm	5
		粗骨材の最大寸法40 mm	4.5
		飛沫帯 　粗骨材の最大寸法25 mm	6
		粗骨材の最大寸法40 mm	5.5
	凍結融解作用を受けるおそれのない場合		4
舗装コンクリート			4[*2]
ダムコンクリート	耐久性をもととする場合		5.0±1.0[*3]

(注)[*1] 連混ぜ直後の値.粗骨材の最大寸法に応じ,この中から選定.
　　[*2] 運搬・締固めを終えたあとの値.
　　[*3] 40 mm以上の粗骨材を取り除いた試料で測定した値.

$$\text{単位細骨材量}(\text{kg}/1\,000\,l) = A_v \times \frac{\text{細骨材率}}{100} \times \text{細骨材の密度}$$

で求められます．

(10) コンクリートの配合でその他考えること

水セメント比について：コンクリートの配合における水セメント比は，一般的には本節の(2)のように強度から求められますが，コンクリート構造物の耐久性からみた場合，過去の多くの実績から，コンクリートのおかれる環境条件により，水セメント比の上限値が定められているケースが少なくありません．このような場合には，強度で定められる水セメント比と耐久性で定められる水セメント比のいずれか小さい方を採択します．このため，強度から定まる水セメント比と耐久性で定まる水セメント比とでは，時として大きな差の生じることがありますが，耐久性は構造物については非常に重要な要素ですから，いずれか低い水セメント比のほうを選ぶことになります．ただし，このように耐久性から定まる水セメント比のほうが小さい場合には，平均強度は当初の配合設計における目標強度よりは高いものとなることは申すまでもありません．表 3.13 に耐久性から定まる水セメント比の限度の例を示します．

なお，国土交通省(土木構造物)では耐久性確保の面から，2001年 3 月の通達により，一般の環境条件の場合のコンクリート構造物に使用するコンクリートの水セメント比を，鉄筋コンクリートについては 55％以下，無筋コンクリートについては 60％以下にするように指示しています．したがって，(2)，(3)で求めた目標強度に基づく水セメント比が，上記の値よりも大きい場合には上記の値の方を採用することになります．

高性能 AE 減水剤を使用した場合の配合設計：コンクリートの

3.2 コンクリートの配合

表 3.13 耐久性から定まるコンクリートの水セメント比の最大値(RC 示方書より)

(a) コンクリートの耐凍害性をもとにして水セメント比を定める AE コンクリートの最大の水セメント比[*3] (%)

気象条件 断面	気象作用が激しい場合又は 凍結融解がしばしば繰り返 される場合		気象作用が激しくない場 合、氷点下の気温となるこ とがまれされる場合	
	薄い場合[*2]	一般の場合	薄い場合[*2]	一般の場合
(1) 連続してあるいはしばしば水で飽和される場合	55	60	55	65
(2) 普通の露出状態にあり、(1) に属さない場合	60	65	60	65

(注) [*1] 水路、水槽、橋台、橋脚、擁壁、トンネル覆工等で水面に近く水で飽和される部分、及びこれらの構造物のほか、床版等で水面から離れてはいるが融雪、流水、水しぶき等のため、水で飽和される部分。
[*2] 断面の厚さが 20 cm 程度以下の構造物の部分。
[*3] 軽量骨材コンクリートの場合は、表中の値より 5 小さい値とする。

(b) コンクリートの化学作用に対する耐久性をもとにして水セメント比を定める場合。
(a) SO_4 として 0.2% 以上の硫酸塩を含む土や水に接するコンクリートに対しては、下表左側の (b) に示す値以下とする。
(b) 海洋コンクリート構造物における水セメント比の最大値 (%)

施工条件	一般の現場施工の場合	工場製品または材料の選択および施工において、工場製品と同等以上の品質が保証される場合
(a) 海上大気中	45	50
(b) 飛沫中	45	45
(c) 海中	50	50

○舗装コンクリートに対しては、下表左側のうち (b) に示す値以下とする。

	舗装コンクリートにおける水セメント比の最大値 (%)
(1) 特に激しい気候で凍結融解がしばしば繰り返される場合	45
(2) 凍結融解がときどき起こる場合	50

○ダムの外部コンクリートにおける水セメント比の最大値 (%)

気象作用が激しい場合、凍結融解がしばしば繰り返される場合	60
気象作用が激しくないのがまれな場合	65

(注) 1) 実績、研究成果等により確かめられたものについては、5~10 程度加えた値としてもよい。
2) 無筋コンクリートでは、10 程度加えた値としてよい。

単位水量を求めるには，過去の資料を参照に最終的には細骨材率と並行で試し練りにより最適配合を見出す方法を説明いたしましたが，高性能 AE 減水剤を使用する場合には，単位水量を仕様書などに示される上限値以内に選定し，後は試し練りにより所定のスランプやスランプフロー値が得られるまで，高性能 AE 減水剤の量を変えて最適配合を決定する手法が一般的です．なお，その添加量は，粗・細骨材の性状，コンクリートの温度，運搬時間などによっても差が生じます．

しかし，いずれにしても配合設計の基本は，まず単位水量が最少になるように骨材の粒度調整などを行い，さらに減水をしなければならない分を高性能 AE 減水剤に依存する方法を用いる方法が望まれます．

その他，アルカリ骨材反応のチェックについては，5.4 耐久性にかかわる性質(5)アルカリ骨材反応（128頁）に詳述してありますので参照して下さい．

4章　フレッシュコンクリートの性質

　コンクリートの混合時から，生コンクリートを撹拌運搬する1時間前後の間では，スランプや空気量の若干の変化(主として値が低下する)以外にはフレッシュコンクリートの状態に大きな変化はありませんが，固まるまでの間や，セメントの凝結や硬化の初期までの間には，フレッシュコンクリートの性質が刻々と変化します．したがって，必要に応じてそれらをコントロールしないと，でき上がったコンクリート構造物の欠陥につながることもあります．以下，フレッシュコンクリートの特に重要な性質について述べます．

（1）　ワーカビリティ及びコンシステンシー
　フレッシュコンクリートを，型枠の中に流し込んだり，種々の機械で所定の形状に仕上げたりするためには，構造物の形状寸法，鉄筋間隔，打込み高さ，打込み工法に応じた作業性，すなわち，ワーカビリティを有していることが必要です．しかし，このように多くの要素をもとにして作業性を数値化することは非常に難しく，かつ，施工現場では簡易迅速に判定できるものが必要なところから，ワーカビリティを表す指標として古くからスランプ試験が用いられています．この数値が大きいほど，軟度の高いコンクリートです．前に述べましたように構造物によっても作業方法によってもワーカビリティの最適条件は異なりますが，一般的な値は既に，表3.10に示

しました．

　このほか，高流動コンクリートでは通常のスランプの上限を超えた範囲のコンクリートとなるため，スランプよりもスランプが静止したときのコンクリートのフロー(広がり：直交する2方向の平均値)をスランプフローとして表すケースや，スランプが0よりマイナス域の超硬練りコンクリートにあっては，振動台試験機による修正VC値などで表しています．このうち，修正VC値では数値が小さいほど，スランプ0 cmに近く，大きいほどパサパサのコンクリートとなります．コンシステンシーは施工の困難度(締固めに対する抵抗などについて)を表すものですが，ワーカビリティ同様に直接に測る方法もありません．施工方法によって必要とするコンシステンシーは異なりますので，施工方法ごとに最適のコンシステンシーを決めることが必要です．すなわち，コンクリートは軟らかければ(スランプが大きければ，あるいは修正VC値が小さければ)必ずしも作業性が良いとはいえず，その工法にとっては軟らかすぎても，固すぎてもコンクリートの打込みや，成型が成功しないことになるためです(図4.1及び写真4.1～4.4参照)．

　また，写真4.5にスランプの適否の違いを示します．

　このほか，フレッシュコンクリートの流動状態をレオロジー(流体力学，粘性体力学)の面から究明する研究も近年盛んになってきましたが，高流動コンクリートのように流動性の高いコンクリートのワーカビリティへの適用に期待されています．

(2) ブリージング

　コンクリートの構成材料中(混和剤を除き)，固形分としての骨材は密度がおよそ2.5以上，また，セメントは水と接触したごく初期の間でも密度が2.0以上であるのに対し，練混ぜに用いた水は，密

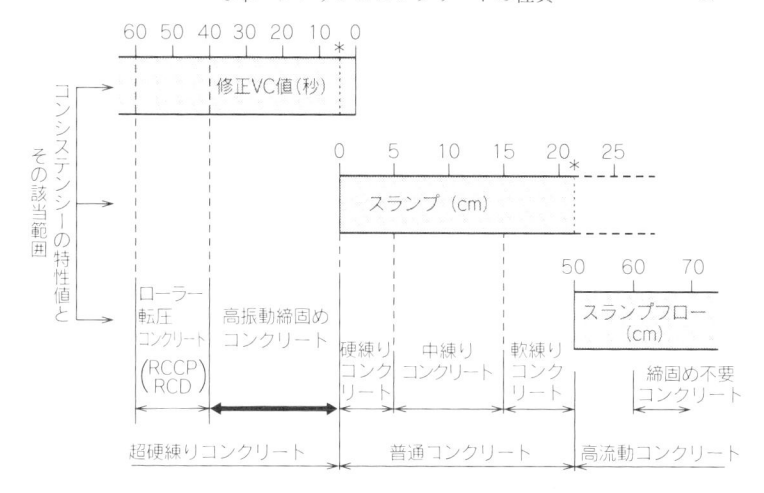

4章　フレッシュコンクリートの性質

コンシステンシーの特性値とその該当範囲

修正VC値(秒): 60 50 40 30 20 10 0*

スランプ (cm): 0 5 10 15 20* 25

スランプフロー (cm): 50 60 70

- ローラー転圧コンクリート (RCCP/RCD)
- 高振動締固めコンクリート
- 硬練りコンクリート
- 中練りコンクリート
- 軟練りコンクリート
- 締固め不要コンクリート

超硬練りコンクリート ／ 普通コンクリート ／ 高流動コンクリート

＊これらの区分及び異なるコンシステンシー試験方法のオーバーラップ部分の数値は明確なものではない

図4.1　コンシステンシーから分類した各種コンクリートの概念

写真4.1　スランプ7.5 cmの状態(一般的な土木用のコンクリート)

写真4.2　スランプ21 cmの状態(一般的な建築用コンクリート)

4章 フレッシュコンクリートの性質

写真 4.3 スランプフロー 65 cm の状態(高流動コンクリート)

写真 4.4 スランプ試験の状況

プラスチックでワーカブルな状態
(スランプ 20 cm)
・適度な流動性及び分離抵抗性あり

やや分離気味の状態
(スランプ 20 cm)
・流動性に若干欠け,分離抵抗性も低い
・この状態ではスランプが適合していてもコンクリートの状態としては不適合
・よほど丁寧な打込みをしない限りジャンカが発生しやすい

著しく分離した状態
・使用不適合

写真 4.5 スランプ三態

4章 フレッシュコンクリートの性質

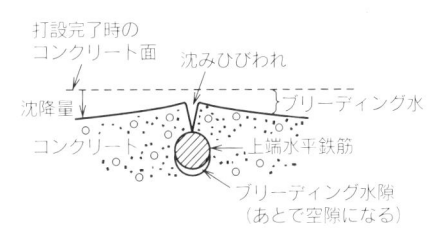

（図：ブリーディング現象の模式図。打設完了時のコンクリート面、沈みひびわれ、沈降量、ブリーディング水、コンクリート、上端水平鉄筋、ブリーディング水隙（あとで空隙になる）の各部位が示されている）

図 4.2 ブリーディング現象

度が1.0であるところから，骨材やセメント粒子の界面で初期の水和反応が生じているか，表面張力で付着している以外の水は，密度差のため分離が生じて，コンクリート表面に浮いてきます．これをブリージング現象と呼んでいます．このブリージングはコンクリート中のペーストの凝結により粘性が上昇し，水和の進行でセメント粒子に水が吸収される凝結の初期まで持続します．

　ブリージングの量や速度は，コンクリートの配合における細骨材の粒度分布，細骨材の粒径及び微粒分量，単位セメント量，単位水量，混和剤の種類，連行空気量，コンクリート温度などの影響を受けます．

　ブリージング量は，それが適量であれば打設後のコンクリート表面からの，水分の蒸発を抑制する効果もありますが，一方で図4.2に示すように，鉄筋上部とその周辺部分とでモルタル分の沈み量の差を生じさせて，沈みひびわれを誘発する原因ともなります．この沈みひびわれの防止には仕上げ時間を遅らせる，一度仕上げ後に発生した箇所はタンピングを行い，再度仕上げをする再打法を行うなどにより対処します．

　なお，ブリージングが終了後に表面のこて仕上げを行わない場合には，ブリージングに伴ってセメント中や骨材中の軽量質微粒分が

レイタンスとして表面に噴出してくることがありますが, 後にコンクリートを打ち継いだり, 仕上材を貼付したりする場合には, あらかじめコンクリート表面からレイタンスを除去しておかないと, 接着不良が生じることもあります.

(3) 容積変化

フレッシュコンクリートは打込み, 締固め時の連行空気の脱泡, 水の蒸発, ブリージング, 型枠からの漏水, 木製型枠への吸水, セメントの水和反応によるペーストの容積減少などの現象のために, フレッシュ時の容積に比べて, 硬化後のコンクリートは若干容積が少なくなります. 打込量は一般に鉄筋量の多いコンクリートではその容積で相殺されることにもなりますが, 無視できない量です. また, これはコンクリート側の問題ではありませんが, 打込み中のコンクリートの圧力による型枠の変形のために, 設計量よりも多くのコンクリートが打込まれることもあります.

(4) 初期ひびわれ

初期ひびわれの代表的なものの一つが, 先にブリージングのところで述べました沈みひびわれです. この沈みひびわれは単に鉄筋の上部のみでなく, コンクリートの表面から数 10 cm～1 m ぐらいのところに, 型枠の深さが変化する段差があるようなケースでも, 発生しやすくなります.

(5) プラスチック収縮ひびわれ

コンクリートの打込み上面からの水の蒸発速度が, ブリージングによる水の供給速度を上回ると, コンクリート表面にはフレッシュコンクリートの脱水による収縮のためにひびわれが生じます. これ

をプラスチック収縮ひびわれといい，そのパターンは一般に不規則で網状を呈します．ひびわれ幅も小さいのが普通ですが，いったん発生すると補修が難しくなります．

（6） 凝結速度

セメントの凝結試験は恒温，恒湿でほぼ一定の水セメント比で行われ，凝結の始発及び終結の時間は，それぞれ針状，及び棒状の貫入棒の貫入深さで測定されますが，コンクリートの凝結速度はプロクターという直径数 cm 前後の円板の貫入抵抗値によって表されます．コンクリートの凝結速度はセメントの種類，コンクリートの配合(水セメント比，単位水量，スランプ，混和剤の種類及びその使用量など)，コンクリートの温度，環境温度などによっても影響を受け一様ではありませんが，一般的な傾向を図 4.3 に示します．施

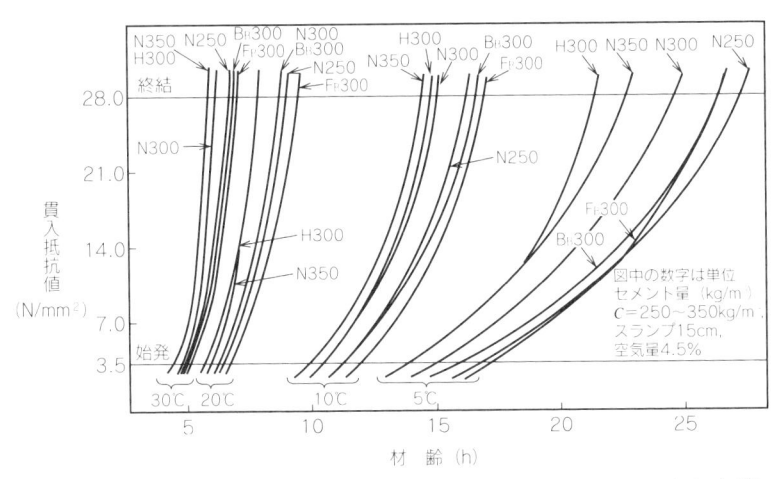

N：普通セメント　H：早強セメント　B_B：高炉セメントB種　F_B：フライアッシュセメントB種

図 4.3　各種セメント別コンクリートの凝結性状[1]

工上の必要から凝結時間の調整を行う場合には，凝結遅延剤が用いられます．

（7） 温度上昇

セメントの水和は発熱反応となるために，凝結・硬化が進むに伴ってコンクリートの温度が上昇します．しかし，この発生熱はコンクリートの表面から放熱されるため，表面と内部の温度差により，それぞれの部位の長さ変化に差が生じます．したがって，コンクリートの断面が大きい場合には，この長さ変化の差異によりコンクリート表面に発生する引張応力が，コンクリートの硬化に伴って発現する引張強度を超えると，ひびわれが発生します．これを温度ひびわれと呼びます．

一般に版状コンクリートでは厚さ 80～100 cm 以上，下端が拘束された壁で厚さ 50 cm 以上などでは，対策が必要とされています．土木学会や日本建築学会では，このようなマスコンクリートに対する指針が示されています．対策の一つとして低熱セメント(図 4.4 参照)や，水和熱抑制剤を用いることが推奨されています(図 4.5 参照)．

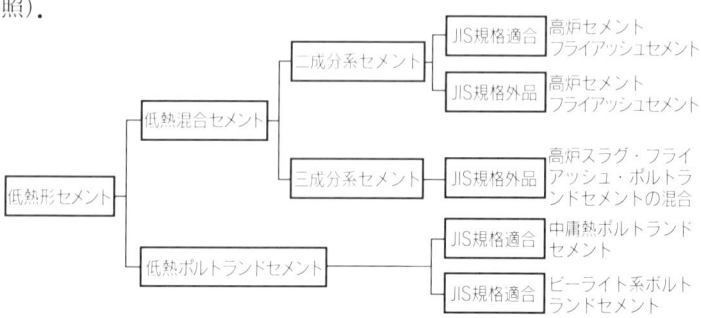

図 4.4　低熱形セメントの分類

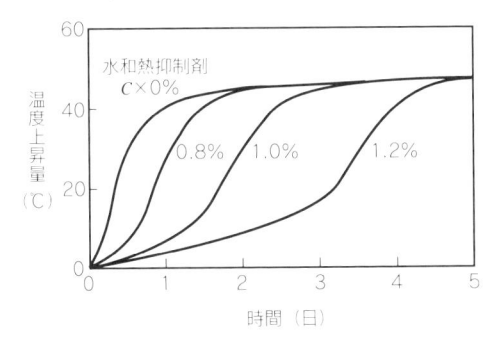

図 4.5 水和熱抑制剤を用いたコンクリートの断熱温度上昇曲線の一例[2]

5章　固まったコンクリートの性質

5.1　固まったコンクリートの各種特性について

　固まったコンクリートの力学的特性としては強度に関するものと変形に関するものがあり，物理特性としては熱膨張係数，クリープ，温度応力，乾燥収縮などがあります．また，化学特性に関しては，アルカリシリカ反応性，炭酸化(中性化)，塩害などがあります．ここでは，そのうちの代表的なものについておおよその説明をします．

5.2　力 学 特 性

（1）　圧縮強度とその他の強度との関係

　コンクリートの強度としては圧縮強度のほかに，引張強度，曲げ強度，せん断強度などが挙げられます．このうち，圧縮強度は他の強度に比べて著しく高い値であることと，他の強度については圧縮強度と強い相関関係にあることから，コンクリートの代表的強度として圧縮強度が用いられています．

　ちなみに，引張強度は一般に圧縮強度の 1/10～1/13 ですが，圧縮強度が 100 N/mm^2 かそれ以上に達すると 1/20 程度になります．同様に曲げ強度(正確には曲げ引張強度)の場合には供試体の型状，載荷条件によっても異なりますが，圧縮強度に対して 1/5～1/9 程

度で,引張強度の場合と同様に,圧縮強度が高くなるほどその分母は大きくなる傾向にあります.

(2) 材齢及び温度と強度との関係

コンクリートの強度はセメントの水和に伴って増進するもので,しかも,その水和は水さえ存在すれば,長年にわたって進行します.単に強度といった場合,どの時点(材齢)なのかを指定しないかぎり,そのコンクリートの強度を特定することはできません.また,セメントの水和は化学反応ですから温度の影響を受けます.さらに,前述のようにコンクリートを乾燥させても強度に影響を与えます.そこで標準としては供試体を20℃±2℃の水中で28日間養生(標準水中養生)したときの強度を,そのコンクリートの強度としています(早強セメントを用いたコンクリートでは材齢7日,中庸熱及び高炉セメントを用いた場合には91日のこともあります).

圧縮強度に限らず,各種の強度もコンクリートの練混ぜ時以降の温度,乾燥及び時間への依存性が高く,湿潤養生を行った場合について,図5.1に示すように,供試体成型後の温度によって各材齢における出現強度には差が生じています.

これらのことから次式に示すように,積算温度(養生期間と養生温度との積の総和であり,マチュリティとも呼ばれる)を用いて圧縮強度を表す方法もあります.

$$M = \sum (\theta + 10) \Delta t$$

ここに,M:積算温度(℃・日,又は℃・時間)
 θ:Δt 時間中のコンクリートの温度(℃)
 Δt:養生期間(コンクリートを成型してから強度を知りたい時点までの日数,又は時間)

たとえば,練混ぜ成型後に,28日間の20℃標準水中養生をした

5.2 力学特性

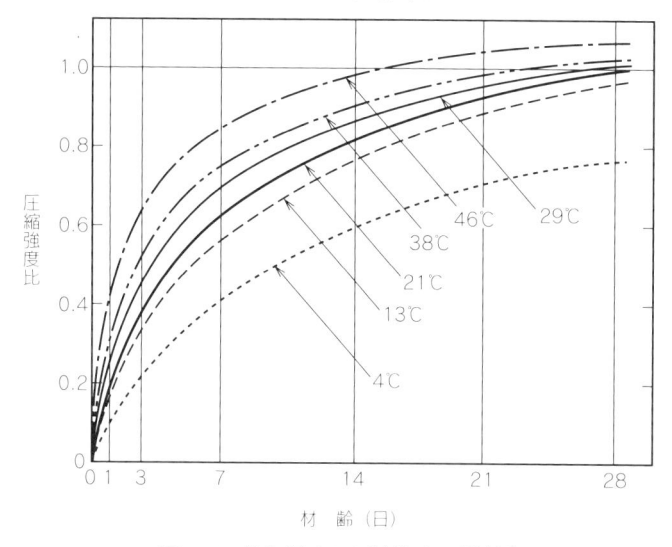

図 5.1 養生温度と圧縮強度の関係[1]

場合のコンクリートの強度を仮りに 30 N/mm² とすると，同じコンクリートで練混ぜ後，10°C で 10 日間の養生後では

（標準の場合）　$M_{(20,28)} = (20+10)28 = 840$°C・日
（例の場合）　$M_{(10,10)} = (10+10)10 = 200$°C・日

$$\therefore \frac{M_{(10,10)}}{M_{(20,20)}} = \frac{200}{840} = 0.238$$

すなわち，10°C 10 日間のコンクリートは，30×0.238＝7.14 N/mm² の強度が発生していると推定されることになります．

このように成型後の任意の時間又は日(材齢)におけるコンクリートの強度は，温度と時間の積の和を用いた比で求められます．

一方，コンクリートの構造体の断面が大きくなると，高強度コン

クリートの場合には,セメントの水和反応熱によりコンクリートの内部温度が高くなり容易に低下せず,水平断面が一辺数 10 cm の立方体でも断熱温度上昇は 80℃にも達するので,大断面の構造物では特に断熱状態でなくても内部温度が容易に 80℃にも達すると考えられます．このため標準水中養生(20℃)の供試体に比べて強度が低下するケースも生じます．一般に,普通セメントを用いて,内部温度が最高時 80℃に達した場合,材料 91 日の標準水中養生強度に対し,模擬構造体から切取ったコアーの強度は,7〜10％程度低下することが認められています．

このため,コアー強度を標準養生供試体強度まで高めようとすれば,より高い強度のコンクリートが必要となりますが,セメント量の増加のため,より発生熱が高くなり,温度ひびわれの発生確率が高くなり好ましくありません．このような場合には低熱セメントを使用して発熱量の抑制を図る必要があります．但し,低熱セメントを用いた 91 日材令の強度では,普通セメントと同様に標準水中養生の強度よりはコアー強度の方が低くなることは避けられません．

またコンクリートが乾燥すると,図 2.5 に示すようにセメントの水和作用が阻害され,強度の増進が止まってしまいます．もちろん,乾燥により強度の増進が止まっても湿潤状態に戻せば,再び強度の増進が始まることになります(乾燥により一時的に若干強度が増加することがありますが,それは水和反応によるものでなく,他の物質でもよく起こる物理的な現象です)．

コンクリートの圧縮強度は,わが国では,直径の 2 倍の高さを有する円柱供試体の圧縮試験で求めます．一般には直径 15 cm の供試体が標準とされていましたが,最近では骨材寸法に応じて(供試体の直径はコンクリートの最大骨材寸法の 3 倍以上とされています)直径 12.5 cm(最大骨材寸法 40 mm 以下のケース)と直径 10 cm

(最大骨材寸法 25 mm 以下のケース)の供試体が，試験作業の軽減を理由に多用されるようになりました．一般に供試体の直径が大きくなるほど，圧縮強度が低下しますが，上記の範囲であればほとんど差がないものとされています．

なお，ヨーロッパでは 10×10×10 cm や 15×15×15 cm の立方体供試体が用いられているケースが少なくありません．直径の 2 倍の高さの円柱供試体に比べて同じコンクリートでも立方体供試体の圧縮強度は若干大きくなります．

実際の構造物においてコンクリートが硬化するまでの間，柱や壁などでは下部のコンクリートは，その上部のコンクリートの質量による圧縮作用を受けるため，上部のコンクリートに比べて強度が高くなる傾向があります．この性質を利用してコンクリートの強度を高める加圧養生方法や，温度と圧力の両方を与えるオートクレーブ養生などもコンクリート 2 次製品(軽量気泡コンクリート，高強度電柱など)の製造には用いられている原理です．

(3) セメント水比と強度

3.2(2)「コンクリートの強度はどうして求める」の項でも述べたように，現在でも 1932 年にリースにより提唱された「コンクリートの圧縮強度はセメント水比との間に直線関係が成り立つ」という基本的な理論がそのまま用いられています．コンクリートに用いられるセメント，水，骨材，混和材料を一定のものを用いることにより，その材料の組合せごとに直線関係が成り立ち，比例定数や定数が容易に求められます．このため 3.2(2)でも述べたように，あらかじめこの関係を使用材料について求めておけば，いつでも任意の強度のコンクリートを得るセメント水比を求めることができます．ただしコンクリートの強度には種々の要因により，同じ材料，同じ

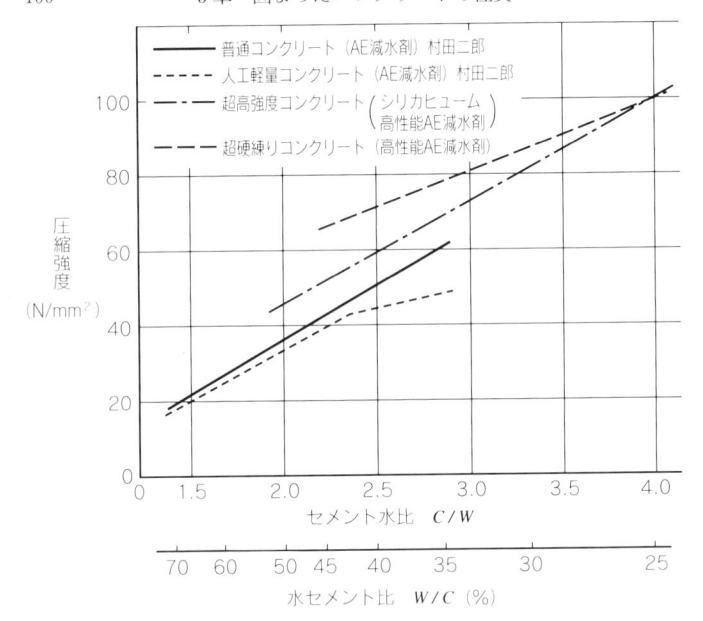

図5.2 セメント水比と圧縮強度の関係の例

セメント水比でも全く同一強度が得られるとは限らず,変動が生じるのは現在の技術ではある程度まではやむをえないことです.一般にコンクリートの製造上の管理が良ければ変動係数は6〜10％,標準偏差では1.5〜2.5 N/mm²程度とみられています.なお,骨材に人工軽量骨材や天然の火山砂利を用いたものでは,骨材強度がモルタル強度よりも低いために高強度領域では,リースの直線式をそのまま上方へは延長できず,少し勾配が緩くなってくることも避けられません(図5.2参照).

このように,コンクリートは使用する骨材や気泡の連行量により,単位体積質量に差が生じますが,それにより圧縮強度も大きく影響

（4） 応力-ひずみ曲線

コンクリート構造物の構造解析のためには，載荷の初期から破壊に至るまでの応力-ひずみの関係を知る必要があります．この応力-ひずみ曲線には圧縮応力，引張応力，曲げ応力(曲げ引張応力)に関するものなどがありますが，一般にはコンクリートは圧縮部材として使用されるところから，圧縮応力-ひずみ曲線が重要となります．

骨材及びセメント硬化物類の圧縮応力-ひずみ曲線を図5.3に示します．この図からコンクリートの場合には明確な応力上昇域と応力下降域が存在しますが，モルタル(セメント＋砂＋水)，ペースト(セメント＋水)の順で下降域が短くなり，破壊が始まるとわずかなひずみで応力がなくなってしまい，骨材に至っては最大応力に達し

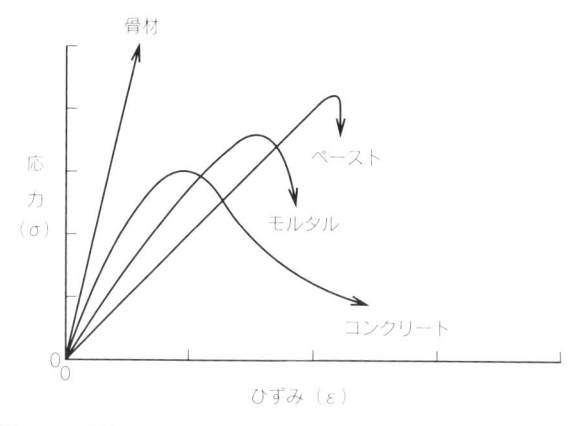

図5.3 骨材，セメントペースト，モルタル及びコンクリートの応力-ひずみ曲線の概念図

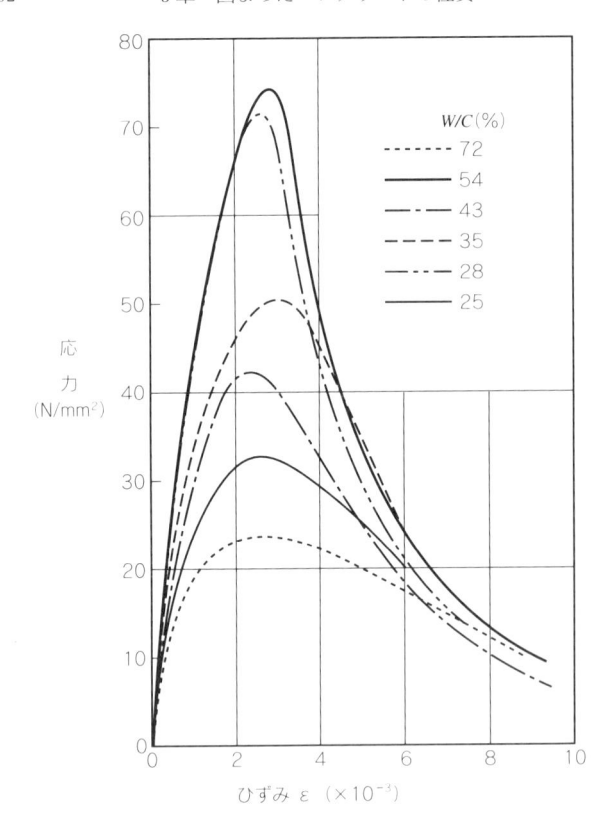

図 5.4 応力-ひずみ曲線に及ぼす水セメント比(W/C)の影響[2]

た瞬間に応力が 0 となります.すなわち瞬間的に破壊するいわゆるぜい性破壊が生じるわけです.コンクリートの場合も図 5.4 に示すように破壊時の圧縮強度が大きくなるほどその傾向は強くなります.

コンクリートの圧縮破壊のメカニズムは一般に次のように説明されています.

① 最大応力(圧縮強度)の30％くらいに達しますと，粗骨材粒子表面とモルタル層の界面に局部的ひびわれが発生し始めます(ボンドクラックの発生)．このため弾性係数は若干低下します．
② 最大応力の50％くらいに達しますと，ボンドクラックがモルタル部分へと発達します．
③ 最大応力の80〜90％くらいに達しますと，互いのひびわれが連結し，応力の増進が止まり最大応力に達します．
④ その後は破断部の摩擦により応力が低下しつつ，ひずみが大きくなっていきます．

これが引張りや曲げ破壊となると，①〜③の経過は瞬間的なものとなり④は全く見られなくなります．

(5) 弾性係数

理想的な弾性体では応力(σ)とひずみ(ε)が直線関係を示し，σ-ε関係は次の式で表されます．

$$\sigma = E \cdot \varepsilon$$

E：弾性係数(又はヤング係数)

しかし，前項でも述べたように，コンクリートの応力-ひずみ曲線は載荷の初期から非線形となるために，弾性係数は図5.5に示すように種々の表し方があり，目的に応じて使い分けられています．一般に構造設計には，圧縮強度の1/3〜1/4の応力点と原点又は原点近くの点(原点付近で変局点がある場合には原点近くの変局点より上の点)とを結ぶ，割線弾性係数が用いられます．この応力-ひずみ曲線から求める弾性係数のことを静的弾性係数，又は静弾性係数とも呼びます．弾性係数の推定式又は設計値としては表5.1が与えられています．

図中:

初期弾性係数　$E_i = \tan\theta_i$
割線弾性係数　$E_s = \tan\theta_s$
接線弾性係数　$E_t = \tan\theta_t$
コードモデュラス　$E_{ch} = \tan\theta_{ch}$

応力 (σ) / ひずみ (ε)

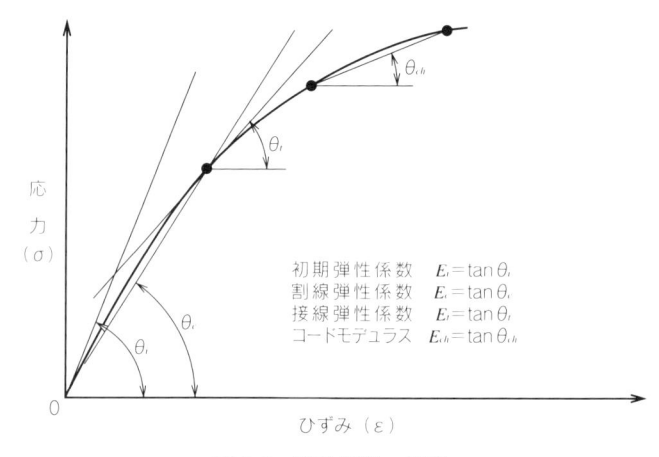

図 5.5　弾性係数の定義

表 5.1　コンクリートのヤング係数の推定式・設計値

建築学会式	$F_c < 36\,\text{N/mm}^2$: $E = 21.0 \times (\gamma/2.3)^{1.5} \times (F_c/20)^{0.5}\ (\text{kN/mm}^2)$								
	$F_c \geqq 36\,\text{N/mm}^2$: $E = 33.5 \times k_1 \times k_2 \times (\gamma/2.4)^2 \times (F_c/60)^{1/3}$ (kN/mm^2)								
土木学会	設計基準強度　(kgf/cm²)	18	24	30	40	50	60	70	80
	普通コンクリート ($\times 10^5\,\text{kgf/cm}^2$)	22	25	28	31	33	35	37	38
	軽量骨材コンクリート* ($\times 10^5\,\text{kgf/cm}^2$)	1.3	1.5	1.6	1.9	—	—	—	—

(注) E：ヤング係数，F_c：設計基準強度，γ：単位容積質量
出典：日本建築学会 RC 規準
　　　土木学会 RC 示方書　　　*骨材の全部を軽量骨材とした場合

（6） 動弾性係数

載荷の初期における動弾性係数は，音波の共鳴振動を用いた試験により求める方法(JIS A 1127)があります．この方法では，細長いコンクリート供試体に与えた縦振動時の共鳴振動数から次式により動弾性係数（E_D）を求める方法が示されています．

$$E_D = 4 \times 10^{-6} LW f_1^2 / A \ (\text{N/mm}^2)$$

ここに，L：供試体の長さ
　　　　W：供試体の質量
　　　　A：供試体の断面積(cm^2)
　　　　f_1：縦共鳴振動数(Hz)

この動弾性係数は測定の応力レベルが微小で，かつ短時間の挙動によるために，前項の静弾性係数としての初期弾性係数よりも5～20％程度大きくなるとされています．

（7） ポアソン比

コンクリートのポアソン比（ν）は，次式によって表されます．また載荷応力のレベルに応じて図5.6に示すように変化をします．

$$\nu = |\varepsilon_2| / |\varepsilon_1|$$

ここに，ε_1：圧縮ひずみ
　　　　ε_2：圧縮軸方向と直角方向のひずみ

コンクリートの初期応力レベルのポアソン比は，コンクリートの種類や品質によっても異なりますが，およその値は普通のコンクリートでは0.18～0.22，高強度コンクリートでは0.20～0.23，軽量コンクリートでは0.2～0.22です．ただし弾性範囲内であれば，コンクリートの種類にかかわらずRC規準では1/6（≒0.17），RC示方書では0.2としてよいこととされています．

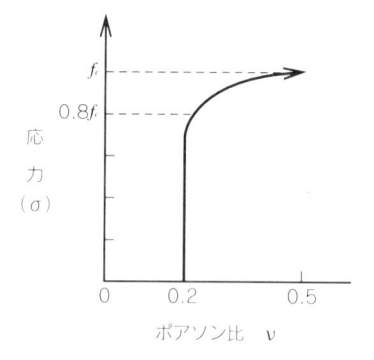

図 5.6　各応力レベルのポアソン比

（8）クリープ

　コンクリートに持続荷重（自重を含めて）が作用すると，時間の経過とともにひずみが増大します．これをクリープ現象といい，コンクリート中に占めるセメントペースト水和物における，細孔構造中の水分の移動によるものとされています．増大したひずみを指してクリープひずみと呼びます．図 5.7 はこのクリープ現象の概念を示したものです．

　通常の構造物では載荷重は取り除くことはできますが，自重は支柱を用いて支えない限り，永久に荷重として働き，したがって載荷重を取り除いても自重分によるクリープは進行を続けます．

　コンクリートのクリープに及ぼす要因としては，①載荷時の材齢が小さいほど，②載荷応力，自重による応力が大きいほど，③水セメント比が大きい（セメント水比が小さい）ほど，④セメントペースト量が多い（骨材量が少ない）ほど，⑤骨材の弾性係数が小さいほど，⑥湿度が低いほど，⑦温度が高いほど，⑧部材の寸法が小さいほど，その影響は大きくなります．

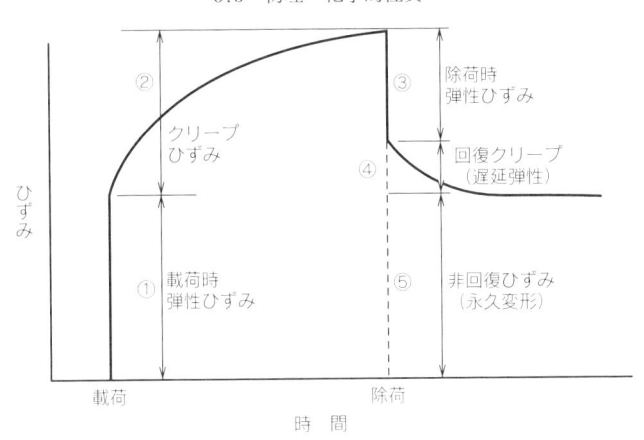

図5.7 コンクリートのクリープ―時間曲線

5.3 物理・化学的性質

コンクリートにとって力学的特性以外にも重要な性質は数多くあります．それらを列挙しますと次のようです．
① 単位体積質量，② 体積変化(熱膨張，乾燥収縮，自己収縮)，③ 水密性，④ 耐熱・耐火性，⑤ 吸音，遮音性，⑥ 放射線遮蔽性，⑦ ひびわれ，⑧ 中性化，⑨ 凍害，⑩ 塩害，⑪ アルカリシリカ反応，⑫ 耐化学薬品性，⑬ 耐摩耗性

これらのうち，①，②，⑦～⑬について述べます．

（1） 単位体積質量

コンクリートは，その使用目的に応じて単位体積質量が重要な要素となることが少なくありません．通常の構造物では理想的にはその質量が小さいほうが自重による荷重が小さくなり，同じ強さの構

造物を作るのに一見有利になると考えられますが，図 5.8 に示すように，普通コンクリート(砂利，砂を用いたコンクリート)の場合でも，単位体積質量のわずかな減少が，圧縮強度を著しく低下させることがわかります．

これは普通コンクリートを軽くするということは，砂利・砂であっても密度の小さい骨材を使用するか，コンクリート中に多くの空気を連行するか，その両方を併用することになりますが，密度の小さい普通骨材(砂利，砂又は砕石などを含めて)は，骨材そのものの強度が風化などにより低く，多孔質であることが多く，すなわち骨材の強度そのものが密度にほぼ比例していますので，密度の小さい骨材ではコンクリートとしては十分な強度が得られなくなります．また空気の連行は 1 ％ 当たり，圧縮強度を約 3 ％ 低下させることになりますので，これも強度を引き下げる要因となるわけです．一般的に，天然産で密度の軽い骨材は低品位のものが大半です．それに比べて人工軽量骨材には，密度の小さいわりには高い強度のコンクリートが得られるものがあることが図 5.8 からもわかります．これは人工軽量骨材は全体が多孔質軽量化しているのではなく，骨材粒の外側は硬質で緻密な殻となっていて，内部が多孔質となって軽量化を図っていることによるものです．

このほか，ダム，橋梁の基礎，吊橋のアンカーレイジ，護岸・消波ブロックなどでは，普通コンクリートであっても単位体積質量が大きく(粗骨材の粒径などで調整)安定していることが重要で，また，放射線しゃへい用コンクリートでは単位体積質量が大きく密度の高いコンクリートが要求されます．γ 線のしゃへいには骨材として鉄片，鉄球，鉄鉱石などを用い，密度が 3～4.5 程度の重質量コンクリートとして利用されています．

一方，中性子線のしゃへいの場合には二次 γ 線のしゃへいも併

5.3 物理・化学的性質

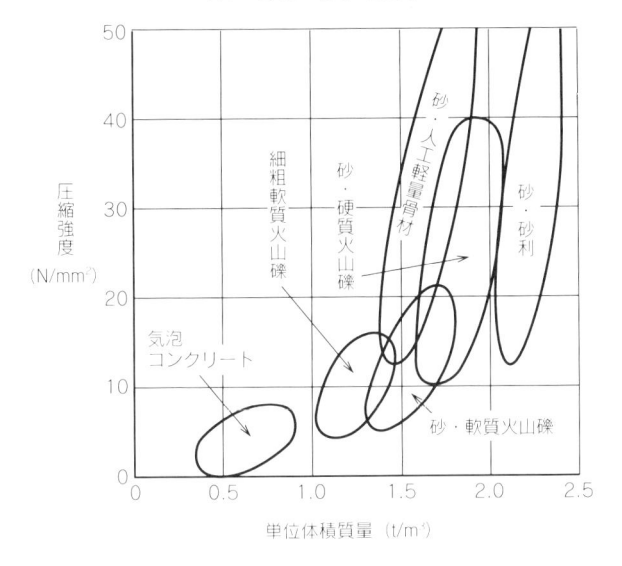

図5.8 各種骨材コンクリートの気乾比重と圧縮強度の関係[3]

せて必要なため，単に密度が大きいものだけでなく，鉛，鉄などの重い元素と，水素などの軽い元素(水もその一つ)やホウ素などを適当に含む骨材が有効になります．

(2) 体積変化

コンクリートの体積変化には，①温度変化によるもの，②乾燥あるいは湿潤によるもの，③自己収縮，④荷重によるもの，⑤クリープによるもの，⑥コンクリートの化学反応によるものがありますが，本項では，①～③について述べ，⑥については別節で述べます．④については前項のポアソン比，⑤については同クリープを参照されるとよいでしょう．

(3) 熱膨張

熱膨張係数を $10 \times 10^{-6}/℃$ と仮定しますと，温度が15℃低下し，その構造体が完全に拘束されていた場合には，1 m あたり 150 μm のひずみに当たる引張応力が発生します．これは，$E=\sigma/\varepsilon$ の関係から $3\sim5$ N/mm² の引張応力に相当し，コンクリートの引張強度から考えると，ひびわれが発生する可能性が非常に高いことがわかります．コンクリート舗装版などの場合はコンクリート版の路面付近は60℃に近い温度になるのに比べて，下面の路盤に接する面は20〜25℃程度の温度のため，舗装版の上下面での膨張量の差から版上面側が膨張，版下面が収縮することとなり，版は上方凸にそろうとしますが，路盤の摩擦や自重による拘束を受け，版下面に引張応力，上面に圧縮応力が発生することになり，これに車輪荷重が作用しますと，それにより版中央部下面では更に引張応力が加算されて大きな引張応力となり破断の原因ともなります．

コンクリートの熱膨張係数は，使用骨材の種類や，配合によっても異なりますが100℃以下の通常の温度変化の範囲内では $(7\sim13) \times 10^{-6}/℃$ となります．普通コンクリートでは一般に $10 \times 10^{-6}/℃$ の値を設計に用いています．

熱膨張係数は，石英質の骨材を用いると大きくなり，砂岩，花崗岩，玄武岩，石灰岩の順に小さくなります．軽量コンクリートにおいては軽量骨材はそれ自身の品質に依存度が高いのですが，一般に普通コンクリートの70〜80％程度の値となります．また，セメントペーストの熱膨張係数は $22 \times 10^{-6}/℃$ と骨材よりも大きいので，セメント量の多いコンクリートは熱膨張係数が大きくなります．

マスコンクリートでは，コンクリートの内部はセメントの水和熱が容易に放散されず，表面のコンクリートは外気への放熱や，外気による冷却作用のため，内部と外部との間で温度差が大きくなると，

表面付近に引張応力が生じ,ひびわれの発生を見ることもあります.マスコンクリートの代表であるコンクリートダムではセメント量のきわめて少ない配合で,かつ低熱セメントを用いますが,それでもダム内部にクーリングパイプを配したり,冷却コンクリートを打ち込んだりして,ひびわれの発生を防いでいます.

(4) 乾燥収縮

コンクリートは乾燥に伴って,セメントペースト硬化体の収縮による長さや体積の減少が生じます.そして,それにはセメント水和生成物であるゲル粒子の微視的構造組織とそこに存在している水の形態と密接にかかわっています.その要因として,①毛細管張力説,②分離圧説,③表面張力説,④層間水移動説が挙げられています.わが国では①の毛細管張力説が有力視されています.しかし,相対湿度が40％以下になると毛細管水の存在がなくなり,この説が適用できなくなる矛盾が生じます.多分一説のみで説明することに無理があるものと考えられています.

コンクリートの乾燥収縮ひずみは,セメントペーストの乾燥収縮ひずみによって発生しますが,その大きさは,セメントペーストの量,水セメント比及び単位水量の影響のほかに,骨材が大きく体積を占めることによる抑制効果と,骨材が応力を分担する抑制効果とがあります.図5.9に単位水量と乾燥収縮ひずみとの関係を示しますが,単位水量とは密接な関係があります.

普通コンクリートの場合の,供試体を水中養生から取り出すまでの材齢と,その後の乾燥収縮ひずみとの関係を表5.2に示します.この表によれば水中養生の期間が長いほど,その後の乾燥収縮ひずみが小さくなることが明確に現れています.この理由としては水和反応の進行に伴い水和生成物の間隙が緻密になることによるものと

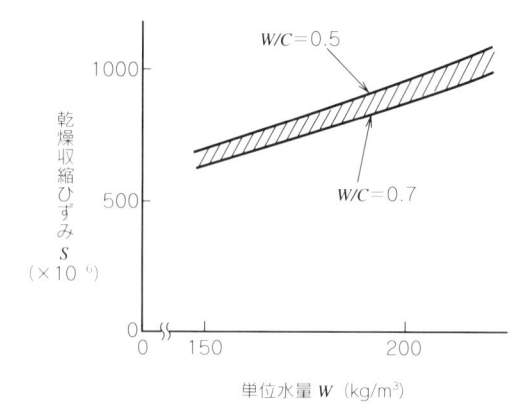

図5.9　単位水量と乾燥収縮ひずみの推測値[4]

表5.2　コンクリートの乾燥収縮ひずみ($\times 10^{-6}$)(RC示方書より)

環境条件 / コンクリートの材齢*	3日以内	4〜7日	28日	3か月	1年
屋外の場合	250	200	180	160	120
屋内の場合	400	350	270	210	120

*設計で乾燥収縮を考慮するときの乾燥開始材齢

思います．コンクリートの乾燥収縮による長さ変化率の経時変化の例を図5.10に示します．

　乾燥収縮は相対湿度及び乾燥期間の影響を受けます．相対湿度が低ければ乾燥収縮ひずみ量は大きくなり，また，水中におけば膨張が認められます．乾燥期間の影響の例としては，20年試験の最終ひずみ量に対して，乾燥開始からの2週間で20〜25％，3カ月で50〜60％，1年で75〜80％になるという報告[6]もあります．このほかRC示方書では，乾燥収縮ひずみの大きさ及び進行速度を，環

5.3 物理・化学的性質

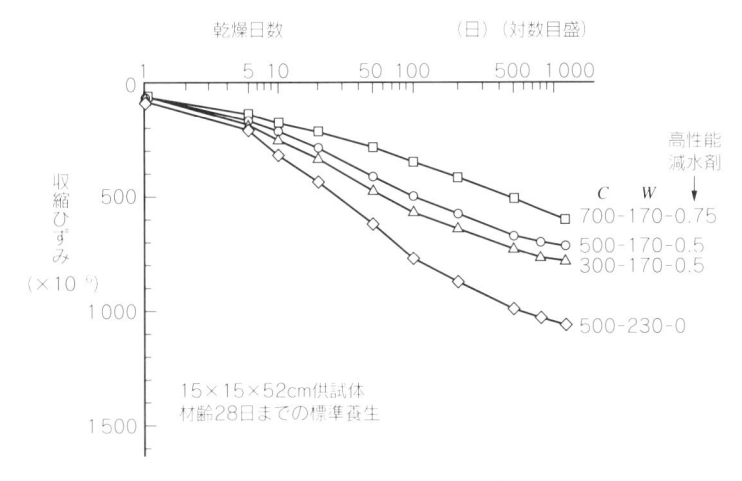

図 5.10 乾燥収縮ひずみの例[5]

境の湿度，温度，期間，部材寸法などを基に推定するための計算式を示しています．

(5) 自 己 収 縮

セメントの水和反応の進行に伴う，コンクリートの体積減少を自己収縮と呼んでいます．従来型のコンクリートでは乾燥収縮の1/10程度にすぎないところから，一般には無視されていました．しかし，最近では高強度コンクリート，高流動コンクリートなどのように鉱物質粉体を混和材料として多量に用いた場合には，無視できない収縮量になり，図 5.10 と図 5.11 とを比べても分かるように乾燥収縮を上回るケースもあります．

この自己収縮は単独に生じるものでなく，まず，セメントの水和反応の進行とともに，反応生成物の絶対容積が減少する硬化収縮が

材齢（日）

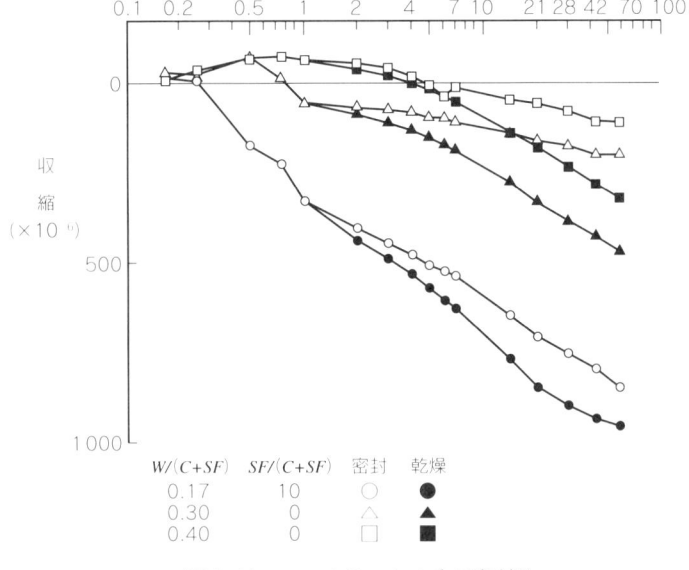

W/(C+SF)	SF/(C+SF)	密封	乾燥
0.17	10	○	●
0.30	0	△	▲
0.40	0	□	■

図 5.11 コンクリートの自己収縮[7]

生じます．この過程において外部からの水の供給がない状態では，ペースト内部に微細間隙が生じるとともに，未反応の水がその間隙を移動しながら，コンクリート内部の中心方向に向かうことになります．したがって，コンクリートの表層部分が乾燥状態となり，メニスカス(毛細管内の水の液面中央部が下る現象)の形成により負圧が発生し，体積収縮(自己収縮)が発生します．

　この自己収縮は水セメント比が小さいほど絶対量が大きく，C_3A，C_4AF の多いセメントほど自己収縮も多くなるとされています．

5.4 耐久性にかかわる性質

本来，この性質も物理・化学的性質に属するものですが，特に耐久性は社会的にも大きな影響を与えるところから別枠で取り上げました．

それらのうち，①ひびわれ，②中性化，③凍害，④塩害，⑤アルカリシリカ反応，⑥耐薬品性，⑦耐摩耗性について述べます．

（1） ひ び わ れ

コンクリートはすでに述べたように，フレッシュ時でも硬化時でも種々の要因で体積変化や変形が生じますが，その動きを拘束されると内部に引張応力が発生し，それが限界を超えると破断が生じ，これがひびわれとなって具像化するわけです．

この要因としては表5.3に示しますように数多く挙げられ，それらが単独または複合してひびわれを発生させるわけです．コンクリートは引張強度やせん断強度が小さく，その結果としてひびわれが入りやすいのですが，ひびわれが入って困るのは，特に鉄筋コンクリートの場合で，それが空気や水，時には塩分や炭酸ガス，酸性水を浸透させ鉄筋類を腐食発錆し，錆の膨張圧により，鉄筋の外側（かぶり部分）のコンクリートの破壊や剥落が生じたり，鉄筋の断面積の減少が連鎖的に発達を繰り返すことにより，鉄筋コンクリートとしての構造強度の低下を招くとともに，構造物としての寿命，すなわち耐久性が低下することになります．ひびわれのパターンを図5.12に示します．

現在のコンクリート技術では，材料，配合，設計，施工などの面でひびわれ発生の度合を抑制することはある程度までは可能ですが，完全に防止することは不可能です．いわば宿命なのです．しかし，

表5.3　ひびわれ発生の原因とその特徴

ひびわれの原因		ひびわれの原因	
設計に関係するもの	1.細部設計の不備(かぶり厚さ不足，配筋不適切など)		8.乾燥収縮
			9.クリープ
荷重に関係するもの	1.荷重(頻度)		10.アルカリシリカ反応
	2.地震		11.コンクリートの中性化
	3.オーバーロード	コンクリートの製造，運搬に関係するもの	1.練混ぜ時間の不適切
	4.断面・鉄筋量不足		2.長時間運搬(特に夏期)
	5.不同沈下	施工に関係するもの	1.1 運搬車分の長時間の打込み
外的要因に関係するもの	1.環境温度の変化		2.ポンプ圧送の際の加水
	2.部材両面の温度・湿度差		3.急速な打込み
	3.乾湿くり返し		4.不均一な打込み・豆板
	4.凍結融解		5.配筋位置の移動，鉄筋のかぶり厚さ不足
	5.火災・表面加熱		
	6.内部鉄筋の腐食		6.コールドジョイント
	7.外部から侵入する塩化物		7.型枠のはらみ
コンクリートの材料的性質に関係するもの	1.セメントの異常凝結		8.漏水(型枠からの，路盤への)
	2.セメントの異常膨張		
	3.沈み・ブリーディング		9.支保工の沈み
	4.骨材に含まれている粘土分		10.初期の急激な乾燥，初期養生の遅れ・不備
	5.骨材に含まれている塩化物		11.硬化前の振動や載荷
			12.型枠及び支保工の早期除去
	6.セメントの水和熱		13.初期凍害
	7.単位水量の過大		

5.4 耐久性にかかわる性質　　117

荷重
　せん断　曲げ　せん断

地震

断面・鉄筋量不足
　外側／柱／壁／柱／内側

構造物の不等(同)沈下
　沈下

(a) 荷重に関するもの

環境温度・湿度の変化
　イ
　ロ

凍結融解の繰返し

酸・塩類の化学作用

火災・表面加熱

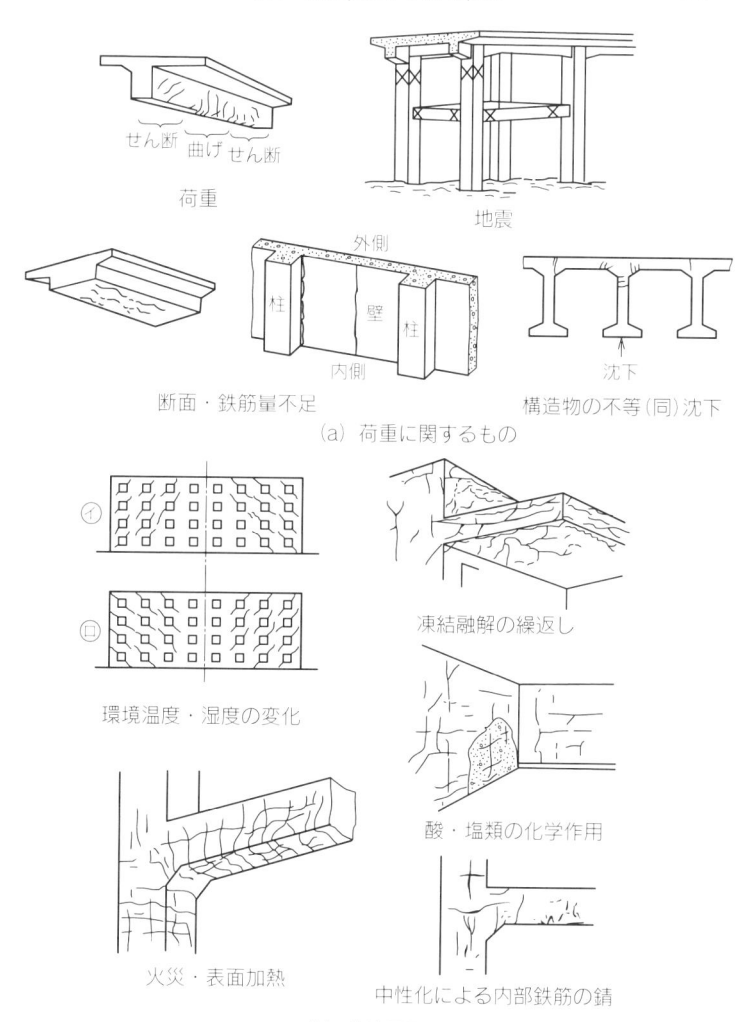

中性化による内部鉄筋の錆

(b) 外的要因に関するもの

図 5.12　ひびわれのパターン[8]

セメントの異常凝結　セメントの水和熱　骨材中の泥分

風化岩や低品質な骨材　アルカリシリカ反応　コンクリートの沈下・ブリージング

鉄筋

(c) コンクリートの材料的性質に関係するもの

混和材の不均一な分散　長時間の練混ぜ　急速な打込み

不十分な締固め　不適当な打継ぎ処理

型枠のはらみ　支保の沈下

(d) コンクリートの製造，施工に関係するもの

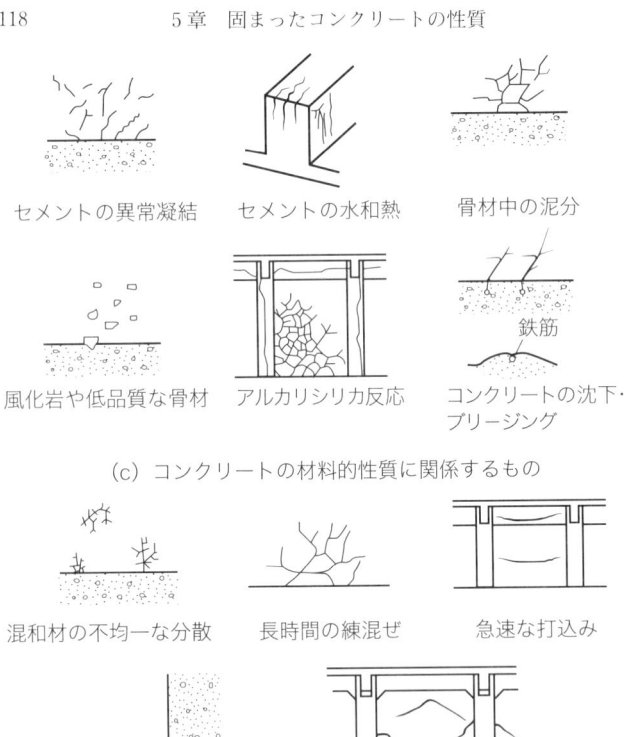

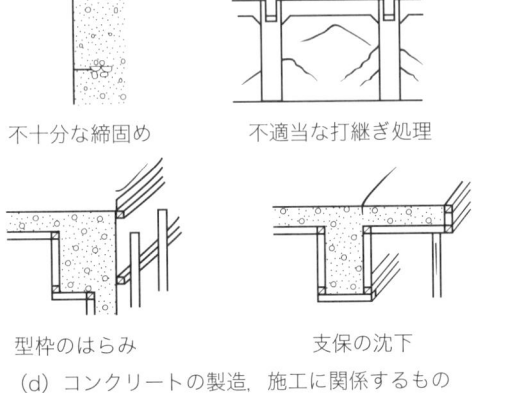

図 5.12　続き

あきらめてはいけないものです．ひびわれの抑制はある意味ではコンクリート技術の真髄といえるかもしれません．可能な限り抑制し（ただし，経済的な限界はあります），あとは発生したらその影響度に応じて補修することが大切です．構造物の耐用年数，構造物の機能性の寿命などを当初設計の段階で配慮して抑制策を折り込んでおくことが大切です．

表5.4 鉄筋腐食度が鉄筋の性能および構造物に及ぼす影響[9]

		グレード			
		I	II	III	IV
ひびわれ		なし		ひびわれ発生開始	ひびわれが発生していたら必ずグレードIV
錆の拡散		錆は鉄筋コンクリートの界面にとどまる		コンクリート内部へ拡散開始	ひびわれに沿って拡散し，コンクリート表面ににじみ出る
付着強度	異形	ほとんど変化せず			
	丸鋼	腐食度が大きくなるに従い，むしろ増大する			
		付着強度（グレード I を100とする）			
		100	134	166	139
降伏点		ほとんど変化せず	質量減少率に対応して低下		
			降伏点が現われにくくなる		
引張強度		ほとんど変化せず	ピッチング等の影響があり，質量減少率に対応する以上に低下		
伸び		腐食度が軽微な段階から低下する			
		伸びの比（グレード I を100とする）			
		100	80	57	35

鉄筋腐蝕度が鉄筋の性能及び構造物に及ぼす影響については表5.4に示すグレード分けが提案されています。

また，表5.5に国土交通省の通達による補修の要否に関するひびわれ幅の限度を示します。

なお，連続鉄筋コンクリート舗装では横断方向に微細なひびわれが多く発生することにより，収縮目地を設けず車両の走行性を高めています。このようにひびわれの発生を逆用しているコンクリートもあります。

表5.5 補修の要否に関するひびわれ幅の限度（国土交通省通達）

その他の要因[1] / 区分	環境[2]	耐久性からみた場合			防水性からみた場合
		きびしい	中間	緩やか	―
(A) 補修を必要とするひびわれ幅(mm)	大	0.4以上	0.4以上	0.6以上	0.2以上
	中	0.4以上	0.6以上	0.8以上	0.2以上
	小	0.6以上	0.8以上	1.0以上	0.2以上
(B) 補修を必要としないひびわれ幅(mm)	大	0.1以下	0.2以下	0.2以下	0.05以下
	中	0.1以下	0.2以下	0.3以下	0.05以下
	小	0.2以下	0.3以下	0.3以下	0.05以下

(注) [1] その他の要因（大，中，小）とは，コンクリート構造物の耐久性および防水性に及ぼす有害性の程度を示し，下記の要因の影響を総合して定める。

ひびわれの深さ・パターン，かぶりの厚さ，コンクリート表面被覆の有無，材料・配(調)合，打継ぎなど。

[2] 主として鉄筋の錆の発生条件の観点からみた環境条件。

5.4 耐久性にかかわる性質

写真 5.1 橋面コンクリート床版の下面にみられる繰返し荷重による疲労ひびわれ(ひびわれ箇所がよく分かるように白チョークでマーキングしたもの)

(2) 中 性 化

セメントの水和反応が終了に近づくと,水和物のうち約60％がC-S-Hで,約25％が水酸化カルシウムで占められることになります.これらセメント水和物と空気中又は水に溶解した二酸化炭素とが結合し,コンクリート中に炭酸化合物を発生させる現象をセメント水和物の炭酸化といいます.また,その炭酸化の結果,コンクリートのアルカリ性が低下する現象を中性化と呼びます.

コンクリートは大気中では,炭酸ガスがその表面から内部に向かって浸透していきます.コンクリートの内部では,セメントペースト中の水酸化カルシウムは結晶又は空隙中の飽和水溶液の形で存在し,そのアルカリ性がコンクリート内部の鉄筋類を酸化から保護しているわけです.したがって,中性化が鉄筋位置までに達すると鉄筋の発錆が始まり,その進行により鉄筋コンクリートとしての構造強度が低下することになりますので,コンクリートの中性化速度はコンクリートの耐久性にとって重要な要素となっています.中性化

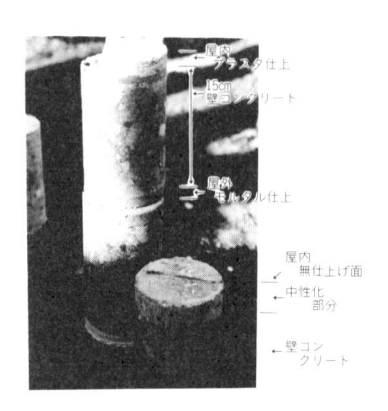

写真 5.2 築後 25 年を経たアパートの壁コンクリートの中性化の状態(屋内外ともに仕上げ層の存在する部分は中性化がほとんど生じていないが,仕上げの施されていない部分は,壁面から 30 mm 程度まで中性化が進んでいる.一般に屋内のほうが炭酸ガス濃度が高く中性化しやすい)

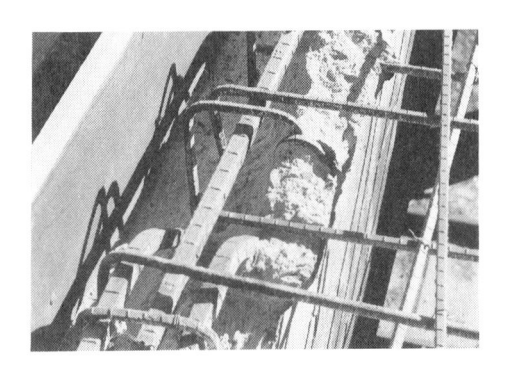

写真 5.3 鉄筋のかぶりが浅いためにコンクリートの中性化に伴って発錆した鉄筋(築後約 35 年)

写真 5.4 1920 年代に築造されたコンクリート橋の補修の際に露出した鉄筋.70 年ほど経ていてもコンクリートにひびわれもなく,中性化もしていない部分では,鉄筋も健全な状態のままである(1940 年代中ごろ以降では全く使用されたことのない角形鋼の異形鉄筋が用いられているのが珍しい)

5.4 耐久性にかかわる性質

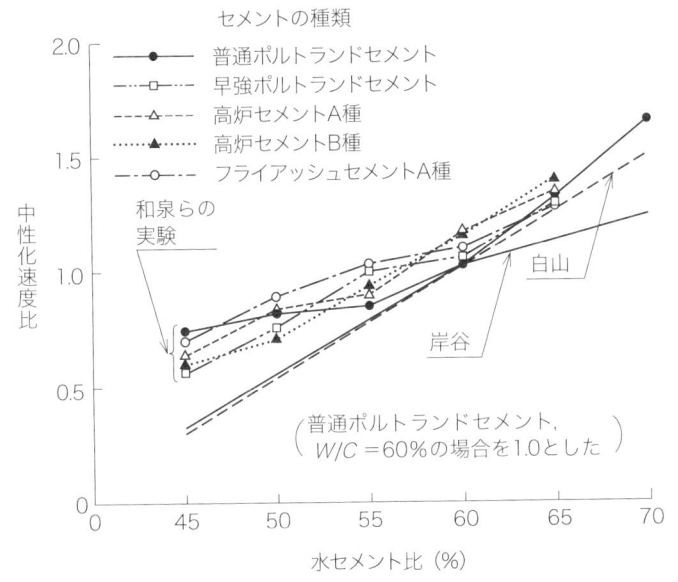

図 5.13 水セメント比と中性化速度比との関係[8]

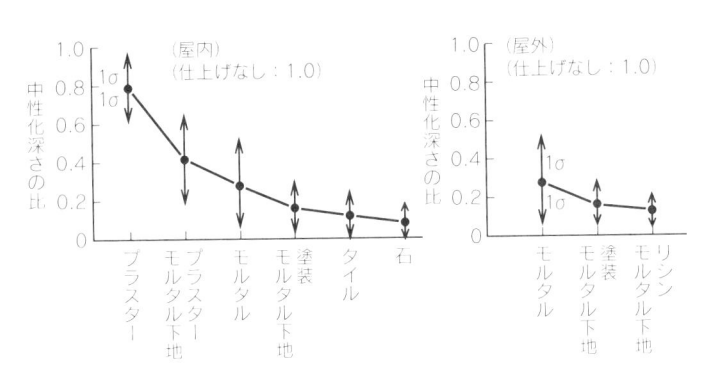

図 5.14 中性化深さに及ぼす仕上げ材の影響[9]

速度の抑制策としてはコンクリートの水セメント比を小さくする，鉄筋のかぶり(鉄筋の保護と定着のために鉄筋の表面とコンクリートの外表面までの寸法)を大きくとる，あるいは透気性の小さい仕上げ材を用いてコンクリート表面に防護膜を設ける，などの対応で耐久性の向上を図る必要があるわけです．図5.13にセメントの種類別の中性化速度を，図5.14に壁面の仕上げ材別の中性化深さの比を示しました．図5.14によれば仕上げ材の種類によっても違いが大きいことがわかります．特に，屋外よりも炭酸ガスの多い屋内では，透気性のあるプラスターの場合に中性化速度の大きいのが特徴です．

(3) 凍　　害

コンクリート中の水分が凍結融解を繰り返すことにより，ひびわれが発生したり，表面部分から剥離し，次第にそのコンクリートが劣化欠損する現象をコンクリートの凍害と呼んでいます．水は凍結する際に無拘束であると9％の体積膨張が生じます．温度が低下すると，まず初めは大きな空隙中の水が凍結し次いで小さい空隙中の水が凍結します．

この際小さい空隙中の水が凍結する段階で，大きな空隙に先にできた氷の結晶より，小さい空隙中の氷の結晶は，その膨張を拘束されることになります．この膨張圧を緩和するだけの空隙がコンクリート内部に存在しないと，静水圧が空隙面に作用し，それにより生じた内部応力が引張強度限界を超すと，局部的な引張破壊が生じ，それが繰り返されると，表面からのひびわれ破壊，剥脱などの現象(写真5.5参照)が生じます．

図5.15に凍害危険度の分布図を示しました．コンクリートの凍害防止には，多くの方法がありますが，最も一般的に行われている

5.4 耐久性にかかわる性質

写真 5.5 繰返し受ける凍結融解のために頂部からコンクリートが剥離していく擁壁

写真 5.6 凍害を受けた橋台，橋桁のひびわれ

方法として AE 剤を用い，数 10 μm〜300 μm 位の空気泡をコンクリートの混練時にその容積の 3〜5 ％程度を連行混入する方法です．その効果の一例は既に図 3.13 に示しました．空気連行による凍害の抑制・防止効果はコンクリートの水セメント比，コンクリート中のモルタル量，空気泡の直径，混和剤の種類，骨材の品質などによ

126　　　　　　　　　5章　固まったコンクリートの性質

1. ○内の数値は凍害危険度

凍　害 危険度	凍害の 予想程度
5	極めて大きい
4	大　き　い
3	やや大きい
2	軽　　　微
1	ごく軽微

2. 良質骨材、またはAE剤を使用したコンクリートの場合.
3. コンクリートの品質が良くない場合には、------内の地域でも凍害が発生する.

図 5.15　凍害危険度の分布図[10]

っても差がありますが，一般的には連行空気量が3％を超えると凍害防止効果が認められ，4％前後で著しい効果が現れることが歴然としています．

　この他に，コンクリート表面に樹脂ポリマーの塗膜を設けることで，水の浸透を防止して凍害を避ける方法もあります．ただし，コンクリートに連行空気を入れる方法の方が経済的であることはいうまでもありません．

(4) 塩　　害

　塩害とはコンクリート中に混入あるいは浸透した塩化物イオンによって，コンクリート中の鋼材が腐食し，その錆の膨張力によって

写真 5.7　海岸線から数十メートルのところに架けられたプレストレストコンクリート橋の桁下端部の塩害による鋼材の発錆に伴う膨張圧でコンクリートが剝落した状態

写真 5.8　コンクリート橋床版の疲労により発生したひびわれに浸透した路面凍結防止用岩塩の作用で発錆した鉄筋の膨張圧による床版下面のひびわれパターン

写真 5.9　塩害を受けた鉄筋の発錆状況．鉄筋が発錆したときの膨張圧で剝落したコンクリートの状態と，鉄筋径が細くなっている状態がよくわかる．

コンクリートにひびわれやそれに基づく剝脱が生じ，さらにそれが連鎖的に繰り返されることによりコンクリート構造物の耐久性が低下する現象をいうものです．

コンクリート中の鋼材は既に述べたように，中性化によっても生じますが，塩害は中性化が生じていなくても進行します．特に，鋼材に達するわずかなひびわれがある場合には急速に被害が進行することもあります．

コンクリート中にもたらされる塩化物イオンは，セメント，混和剤からも若干はありますが，最も危険が高いのは細骨材として用いられる海砂中の塩分です．もう随分以前からの骨材資源の不足により，関西以西では瀬戸内海産の海砂が多く用いられるようになってから問題が発生いたしました．今では十分な洗浄とコンクリート中の塩素イオン濃度を，簡易な試験器で迅速容易に測定できるようになりましたので，フレッシュコンクリート中の塩化物量が基準値を超えるようなケースは皆無に近くなったと判断されます．

なお，コンクリート打設時の塩化物含有量[塩化物イオン量(Cl^-)]のわが国における規制値は，0.3 kg/m^3 となっています．

塩化物イオンはコンクリートの材料中に含まれるもののほか，構造物として供用中でも海水の飛沫により運ばれてくるもの（海岸線から内陸へ 1 000 m でも塩化物は運ばれてくる）の他に，道路舗装や，橋面の凍結防止に使用される塩化カルシウム，塩化マグネシウムなどがあります．その防止対策としてはコンクリートの水セメント比を小さくする，コンクリート面への塗装，表面仕上げ，エポキシコーティングをした鉄筋の使用などがあります．

（5） アルカリ骨材反応

湿度の高い環境に置かれたコンクリート中の骨材粒は，アルカリ

度の高い水溶液と接触していますが、骨材の中に含まれる鉱物組成によっては、このアルカリと反応してゲルが生成し、それがさらに水分の供給を受けるとゲルの膨張圧によりコンクリート中に内部応力が発生し、その発達に伴ってコンクリートの表面に網目状のひびわれが発生します。このような反応をアルカリ骨材反応と呼びます。

アルカリ骨材反応にはアルカリシリカ反応とアルカリ炭酸塩岩反応とがありますが、わが国で発生しているのは前者のほうです。すなわち、骨材中に含まれる無定形シリカよりなるオパールやガラス質と、セメント中のアルカリ(Na_2O, K_2O)との反応によりゲルが発生するわけです。したがって、反応性のシリカを有する骨材であっても、セメントから供給されるアルカリの量が少なければ、コンクリートの膨張が生じるような反応生成物は発生しません。アルカリ骨材反応は、このようにどちらか一方の原因ではなくセメント・骨材双方に原因があります。

また、同じ骨材でも粒度や、他の骨材との混合比を変えても膨張の度合が異なります。最大の膨張を示す骨材の割合をペシマム量といっています。ペシマム量から隔れた割合では有害な膨張量にも至らないケースや、反応性の骨材が少量のほうが反応が大きく現れるケースなどさまざまです(図5.16参照)。このため有害な反応性のある骨材をすべて用いなければよいのですが、骨材資源の不足は深刻で、火成岩やチャート質の硅酸質を多く含む岩石が大量に存在するわが国では、反応性が疑われる岩石も少なくありません。しかし、既に述べましたようにアルカリシリカ反応は骨材のみで生じる反応ではなく、セメント中のアルカリもその一方の原因です。わが国では20数年ほど前から顕著な被害例が認められるようになりましたが、原因や反応のメカニズムが明らかになり種々の対策なども立てられるようになりました。

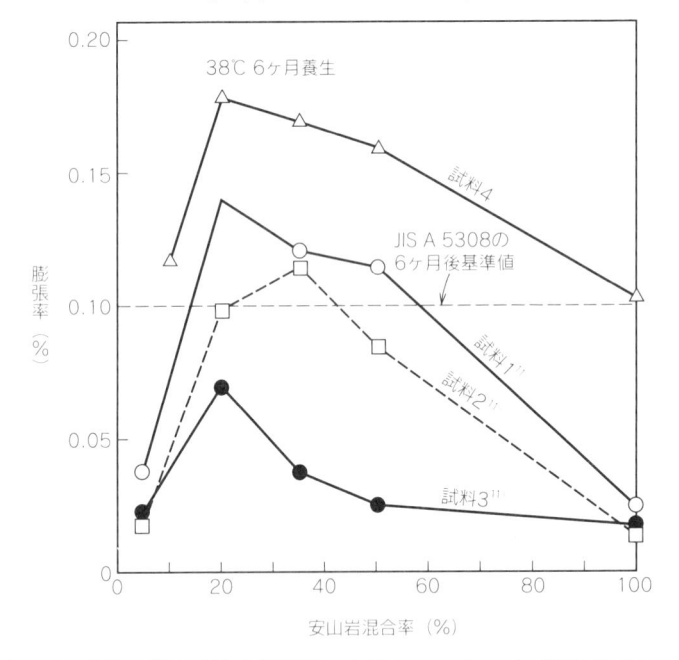

図 5.16 産地の異なる安山岩砕石におけるモルタルバー膨張のペシマム量

したがって、現在作られているコンクリートでは被害の発生は予測されなくなっているとみられます。中でもセメント中のアルカリ量も最大期の1/2程度にまで低下してきたことで、通常のセメント使用量(単位セメント量 400 kg/m³ 以下)のコンクリートでは、コンクリート中に導入されるアルカリ量が、危険量とされている 3 kg/m³ を超えることがありませんので、たとえ反応性骨材が用いられても膨張破壊の生じる可能性はなくなってきました。

骨材の反応性の試験には、化学分析によりシリカの反応性を見る

化学試験法と，高アルカリのモルタルバーの膨張量により反応性をみる物理試験法とがあります．いずれも，骨材単独の反応性を見る試験で，前者は熟練度を要しますが，比較的短時間で結果が得られます．しかし，判定の確率は100％でなく，実際に被害の生じない骨材でも反応性ありと判定されることもあります．また，後者は試験に6カ月以上の期間が必要となります．

このため最近では迅速試験方法としてオートクレーブ装置(高温・高圧養生)を利用して短期間で結果の得られる方法も JIS 化[JIS A 1804 コンクリート生産工程管理用試験方法―骨材のアルカリシリカ反応性試験方法(迅速法)]されました．さらに，上記の試験はすべて骨材そのものの試験方法で，しかも骨材の試料をかなり細かく砕砂状に粉砕し，粒度を調整するたいへんな手間を要しますが，最近では，1つのコンクリートでも多くの産地，種類，岩質の骨材が組み合わされて使用されていることや，個々の骨材についてすべて試験を行う手間は大変なもので，ペシマム量との関係もあり，その有効性にも疑問が投げかけられています．このような問題解決のために，コンクリート配合は使用時のままで，骨材もすべて手を加えず混合割合も使用状態のままのフレッシュコンクリート試料に，多量のアルカリを混入して硬化後，オートクレーブ養生を行い，3日間で判定する迅速試験方法が提案されています．この方法の特徴は特定の骨材の反応性はわかりませんが，コンクリートの配合として膨張被害の可能性の有無を判定するところにあり，合理的な方法ともいえます．

なお，アルカリシリカ反応の抑制対策としては，国土交通省通達により次の3点のうち一つを実施することが挙げられています．①コンクリート中のアルカリ総量を3 kg/m³以下，②混合セメント(高炉セメント等)の使用，③安全と認められる骨材の使用とされ，

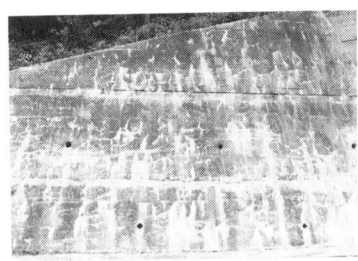

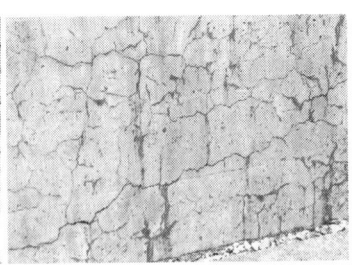

写真 5.10 アルカリ骨材反応によるひびわれが全面に発生したコンクリート擁壁面(反応により発生したゲルがひびわれ箇所から外面に溶出し反応の著しさを表している)

写真 5.11 アルカリ骨材反応によるひびわれの典型的なパターンのクローズアップ

さらに①及び②を抑制対策として優先することとし,わが国の骨材資源の情況に配慮されています.

この結果,現在のセメント及び混和剤を使用する場合には,単位セメント量が約 400 kg/m³ 以下であれば,①の総量規制に十分に適応できることになります.ちなみに日本全国で用いられるコンクリートの 95% 以上が単位セメント量 400 kg/m³ 以下で,レディミクストコンクリートの単位セメント量の全国年間平均は約 300 kg/m³ 弱です.このことから,現在では大半のコンクリートが①のアルカリ総量の規制をクリアしているといえます.

(6) 耐化学薬品性

コンクリートは空気中の酸類を溶解した雨水のほか,工場排水,温泉水,地下水,土壌,排気ガス,海水などに含まれる各種成分によって劣化作用を受けます.これらの浸食性物質には表 5.6 に示すようなものがあります.

5.4 耐久性にかかわる性質

表5.6 化合物によるポルトランドセメントコンクリートの浸食作用[19]

浸食作用が全くあるいはほとんどないもの	シュウ酸，硝酸カルシウム，過マンガン酸カリウム，すべてのケイ酸塩，パラフィン，ピッチ，コールタール，ベンゾール，すべての石油または鉱物油，テレピン油，アルコール，さらし粉，フルーツジュース，ぶどう酒，蜂蜜，水酸化アルカリ溶液(10％以下)，硝酸アルカリ(10％以下)，硝酸カルシウム(10％以下)，ビール
浸食作用がある条件下で起こるもの	a) 炭酸カリウム，炭酸アンモン，炭酸ソーダ 　　条件：濃度の高い溶液 　　浸食作用：普通の侵食 b) 塩化カリウム，塩化ストロンチウム，塩化ナトリウム，塩化カルシウム 　　条件：乾燥・湿潤を繰り返すとき 　　浸食作用：軽く表面を分解 c) オリーブ油，なたね油，ひまし油，やし油，ココナッツ油，さらし粉の溶液 　　条件：大気に触れているとき 　　浸食作用：かなり侵食 d) 重炭酸ソーダ 　　条件：濃度が高い 　　浸食作用：必ず侵食 e) ミルク，バターミルク 　　条件：乳酸の存在 　　浸食作用：侵食する f) グリセリン 　　条件：溶液濃度が4％以下 　　浸食作用：ほとんどなし
浸食作用が特に強くないもの	天然における酸性の水，オリーブ油，魚油，重炭酸塩液，干草，クレオソート，酢酸カルシウム液，重炭酸アンモニア，塩化アルミニウム，硝酸アルミニウム
浸食作用がかなり強いもの	酢酸，フミン酸，炭酸，石炭酸，リン酸，乳酸，タンニン酸，酪酸，ギ酸，酒石酸，オレイン酸，ステアリン酸，パルミチン酸，塩化マグネシウム，塩化第二水銀，塩化鉄，塩化亜鉛，塩化銅，塩化アンモニウム，塩化カルシウム，硝酸カリ，硝酸ソーダ，硝酸アンモニウム，クレゾール，フェノール，キシロール，大豆油，アーモンド油，ラード，ピーナッツ油，くるみ油，あまに油，牛脂，アンモニア塩，水酸化アンモニウム，酢酸アンモニウム，ソーダ水，窒化物，ぶどう糖，みょうばん，ココア油，重硝酸カルシウム塩，フタル酸，硫化カリウム，硫酸ナトリウム
浸食作用が非常に強いもの	硝酸，塩酸，フッ化水素酸，硫酸，亜鉛酸，硝酸アンモニウム，硫酸アンモン，硫酸銅，硫酸カルシウム，水酸化アルカリ(10％以上)，水酸化アンモニウム(10％以上)，水酸化ナトリウム(10％以上)，硫酸カリ，硫酸ソーダ，硫酸亜鉛，硫酸マンガン，鯨油，ギ酸アルデヒド溶液

中でも，酸類はコンクリートに対する浸食作用が強く，進行すると補強に用いられている鋼材類も侵食し，鉄筋コンクリートなどの耐久性を低下させることにもなります．

(7) 耐摩耗性

コンクリートの摩耗作用は，舗装路面のようにスパイクタイヤ，タイヤチェーン及びそれにより削り取られたコンクリートダストによる機械的な摩耗作用，砂礫（されき）の流化などに伴うダム・水路構作物の摩耗や，波浪などによる摩耗のほか，キャビテーションによる損傷などがあります．

一般に，粗骨材の寸法が大きい，細骨材率が小さい，水セメント比が小さい，ペースト量が少ない，ほど耐摩耗性が高いことが知られています．

写真 5.12 トンネル内のコンクリート舗装面の摩耗状況(摩耗がなければ目地のラインは直線になっている．スパイクタイヤによる摩耗深さが 7～8 年で 3～4 cm にも及んだところもある)

6章　コンクリートの補強

　今まで述べてきましたように，コンクリートは圧縮強度に関しては相当に高いものを作ることができますが，引張強度やせん断強度などは圧縮強度に比べて非常に小さく，木材などの他の材料と比べてもかなり低い値しか得られません．このため，コンクリートを構造体として用いるには，圧縮応力以外の応力を他の材料で負担してもらう補強を行わなければなりませんが，その補強材として最も適しているのが鋼材であり，そのうちでも最も多く用いられているものが鉄筋です．すなわち，鉄筋コンクリートとは，圧縮応力を主としてコンクリートが，引張応力を主として鉄筋が負担しながら，一つの構造体として働くもので，鉄筋コンクリートは鉄筋で補強されたコンクリートというよりは，コンクリートと鉄筋の複合構造体と考えるほうが実態をよく表しているでしょう．

　このほか，種々の材料で補強された多くのタイプのコンクリートが用いられています．

6.1　鉄筋コンクリートの生いたち

　コンクリートを鉄により補強することが始まったのは，フランスのランボールが1855年のパリ博覧会に出品した，金網にモルタルを塗りつけて作ったボートとされています．次いで同じくフランス

のモニエも金網モルタルで植木鉢の特許を取り，他のものへの特許としても展開されましたが，これらは，今でいうフェロセメントと呼ばれる金網モルタルです．その後1880年にドイツのケーネンにより，大がかりな実験結果から現在の鉄筋コンクリートと同じ，引張応力を鉄筋に受け持たせる提案があり，1890年代後半に入ってフランスのアネビクによりせん断補強筋の必要性が提案され，ほぼ現在の鉄筋コンクリートの基礎ができ上がり，その後の100年間で普及発展してきたのです．わが国の鉄筋コンクリートは1903年琵琶湖疎水路に架けられた橋が土木構造物の最初で，建築物では1904年の旧佐世保軍港のものが最初とされています．

6.2 鉄筋コンクリート

鉄筋コンクリートがこれほど多く用いられる理由として，①コンクリート及び鋼材(鉄筋)の熱膨張係数がほぼ同じであること，②コンクリートの弾性係数に対する鉄筋の弾性係数の比が10数倍(設計では15倍と仮定されている)もあるため，引張側に鉄筋を配すれば引張応力は必然的にほとんど鉄筋により負担されること，③コンクリートと鉄筋の付着が比較的良いこと，④鉄筋の破断に至るまでの変形量が大きいこと，⑤コンクリート中は通常はアルカリ雰囲気にあるために鉄筋の腐食が生じないこと，⑥コンクリートの熱伝導係数が小さく，熱の遮断がある程度行われるので火災時の鉄筋コンクリート構造物の耐力低下の予防効果があり，特に鉄筋の熱劣化からの保護に役立っていること，⑦鉄筋は比較的安価な材料であることなどが挙げられます．

中でも①は，複合材料としてはとても重要な要素で，もし両者に大きな差があると，温度変化(たとえば夏期と冬期の外気温の差の

ように)のために大きな内部応力が生じ,外力を受けた際にその応力が加わることにより耐力が低下し,場合によっては外力がなくとも自己破壊が生じることもありえます.

また,②もとても重要な性質です.コンクリートに働く応力は $\sigma = \sum \cdot E$ のようにひずみ量と弾性係数の積で表されます.今,鉄筋コンクリート部材として引張応力が発生した場合,鉄筋コンクリートとして一体化していますので部材の変形量はコンクリートも鉄筋も同じになりますから,応力は弾性係数(E)の差だけ発生することになります.設計上のコンクリートの弾性係数に対する鉄筋の弾性係数の比(n)は,15と仮定されていますので,鉄筋に生じる応力はコンクリートに生じる応力の15倍を受けもつことになります.このため,設計上は一般にコンクリートの引張応力は無視して,鉄筋がすべてを負担するように扱われています.

加えて,鉄筋はコンクリートと異なり④の性質があるので,たとえコンクリートにひびわれが発生しても,さらにより大きな外力(地震力など)が働き鉄筋コンクリートの部材が破壊することがあっても,ガラスが壊れるようなぜい性破壊を起こさず,粘り強く耐えながら破壊に至るじん性を有していることは,神戸地震の多くの破壊事例でも明確です.

鉄筋コンクリートの耐力を模擬的に表したものが図6.1です.この図より,コンクリートのみの梁(a)では,梁下側に発生する引張応力のため,曲げ引張破断が発生し,破壊が生じた瞬間に荷重を支えることは全くできなくなります.この現象は,柱のように圧縮破壊の場合は同じ無筋コンクリートでも若干変位が持続することがわかっていますが,高強度(破壊応力が60～70 N/mm² 程度以上)になると圧縮破壊でもぜい性的破壊が生じ,(a)に近い現象となります.これに比べて(b),(c),(d)のように,それぞれ発生する応

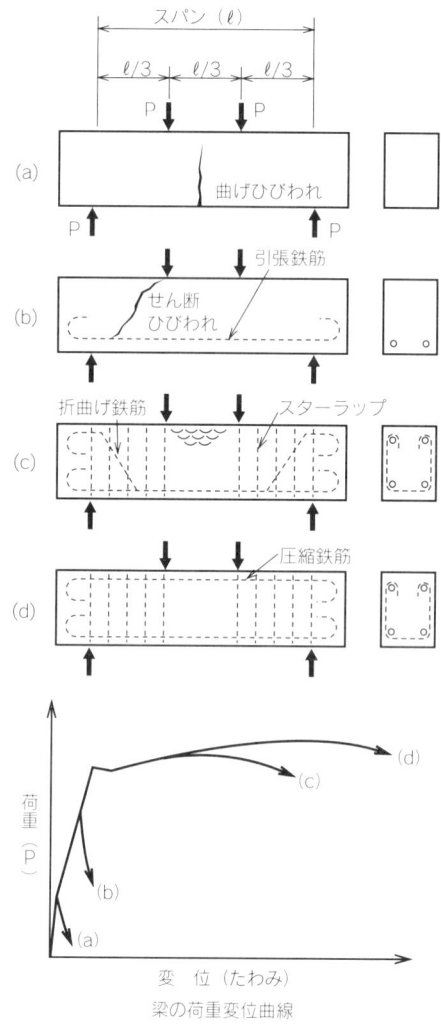

図 6.1　鉄筋により補強したコンクリート梁の破壊の概念

6.2 鉄筋コンクリート

力に対して鉄筋が配置されていると，破壊強度が増加し，ひびわれから破断に至るまでのひずみも大きくなります．さらに，(d)になると，破壊強度の増進よりもひずみの増大が大きくなり，部材としての粘り，すなわちじん性が高くなることがわかります．過去の耐震補強もこのような考え方が取り入れられてきましたが，今度の阪神大震災の被害による設計の見直しでは，さらにこの考え方が取り入れられるとともに，既存構造物の耐震補強工事にも導入されています．

次にコンクリートに用いられる鉄筋の形状は過去には丸鋼(円形断面の丸棒)が主流でしたが，コンクリートとの付着をより向上させるために，突起を設けた異形鋼棒がその座に取って代わりました．

筆者はアメリカで1920年代に建設されたコンクリート橋の補修現場を見学した際に，角形の異形鋼を見かけたことがあります(写真5.4参照)が，いつのころまで角形鋼が使われていたのかまでは分かりません．

一般に鉄筋は黒皮(製鋼時の酸化皮膜)のままや，表面に赤錆が浮いた状態のものがそのまま使用されます．コンクリート中はアルカリ性で，鉄の酸化を防いでくれますので，鉄筋の表面を特に研磨したり酸化防止処理をすることはありませんが，アメリカの自動車道路では，橋梁床版の鉄筋(特に上部側)はエポキシ樹脂でコーティングしたものを用いています．これは，冬期に路面の凍結・結氷防止のため岩塩や塩化カルシウムなどの塩類を散布しますが，その溶解液がコンクリートのひびわれに浸透し鉄筋を腐食させるのを防止するためです．

6.3 鋼管コンクリート

　建築物の柱に鋼管を用い，その中にコンクリートを圧入する鋼管コンクリートが，最近になって実用化されました．これは高性能AE減水剤の出現により，高流動コンクリートが容易に製造できるようになったことと，それに伴い鋼管へのコンクリートへの打込みが上部からの流し込みでなく，下部からのポンプによる圧入が行えるようになって，空気泡(エントラップドエア)の抱き込みや，ジャンカ(粗骨材の間をモルタル分が充填していないコンクリートの"す"のこと)などが発生しないコンクリートを打込むことができるようになりました．この結果，外部からは見えなくても信頼性の高いコンクリートを作ることが可能になりました．

　鋼管コンクリートの最大の特徴は，鋼管そのものが構造部材である一方で，コンクリートの型枠でもあることから，型枠の支保材や型枠そのものが不要で，それにより型枠設置，撤去の作業が不要になること，コンクリートの打込みが30m以上の高さでも下部から一気に圧入が行えることです．通常のビルの建築では1階分の高さ3～4mごとにコンクリートの打込みが繰り返されているのに比べて，工程が単純，迅速，省力化の効果が大きいコンクリートです．ただし，打込み高さが大きいことからコンクリートの初期沈下を生じさせないためには，ブリージング抑制剤を用いるのが一般的です．

　また，施工後はコンクリートが鋼管により被覆され外部と遮断されていますので，中味のコンクリートが中性化，塩害などを受ける恐れは全くなくなりますが，逆に鋼管の腐蝕防止と耐火被覆の必要はあります．今後の発展が予測されています．

　この他，鋼管以外にケーソンや版状の構造部材などで，鋼製の函体の中にコンクリートを圧入し構造体を製作する方法もあります．

6.3 鋼管コンクリート

写真 6.1 中空鋼管鉄筋コンクリート柱の鉄筋が組み立てられた状態.これが型枠で囲われてコンクリートが打ち込まれる.コンクリートは高流動コンクリートを用い,下部より圧入される.

写真 6.2 鋼管・鉄筋コンクリート複合構造の橋脚の例.

また，中空鋼管の外側を鉄筋コンクリートで巻き立てて，耐火被覆を兼ねた複合構造体とするものも出現しています(写真6.1参照)．

6.4 プレストレストコンクリート

コンクリートは引張強度が弱いため鉄筋コンクリートとすることにより，引張応力の大きく働く構造部材として用いられるようになりました．しかし，自重が重いため，大スパンの橋梁などでは，大きくすればするほど大断面が必要となり，そのためにまた自重が増すという悪循環で，鋼桁のような大スパンの橋梁には向かないとされていましたが，そこへ登場したのがプレストレストコンクリートです．

プレストレストとは読んで字のごとく，あらかじめ部材に応力を導入しておくことです．すなわち，コンクリートの引張応力の生じる部分に，あらかじめ圧縮応力を与えておくことにより荷重(自重も含め)を受け引張応力が働いても差し引き0になるか，若干でも圧縮応力が残るようにしておけば，コンクリートでも引張破壊が生じないことになります．

この原理を用いたコンクリートをプレストレストコンクリートと呼んでいるわけです．原理は少し異なりますが，鉄筋を用いない石造りのアーチ橋も橋桁の下側には自重及び荷重による圧縮力が働き，鉄筋を用いなくとも崩壊せず荷重にも耐えているわけです．これを水平に真っすぐに延ばし，橋台に圧縮力を与える代わりに橋桁の下側に圧縮力を与えればよいわけです．その圧縮力の与え方にはコンクリートの硬化後に，鋼棒(又は鋼線：PC鋼棒，PC鋼線とも表します．)により両端で締め付ける(ポストテンション方式)か，あらか

写真 6.3 パーシャルプレストレストコンクリート箱桁橋(コンクリート橋でありながら長いスパンの橋が架けられる)

じめ大きな張力で引張っておいた鋼棒(又は鋼線)をコンクリートにより固定し，コンクリートが硬化して強度が十分に発生してからコンクリートの外に伸びた部分の鋼線を切断することで引張力を解除すると鋼棒の縮みにより鋼棒の周りに圧縮応力が発生させる方法(プレテンション方式)とがあります．

このため鋼棒(又は鋼線)は通常の鉄筋コンクリートに用いるよりもさらに高い引張強度を有する高張力鋼が用いられ，鋼材のリラク

ゼーション(あらかじめあたえておいた引張力が鋼材の伸びにより除々に減少するコンクリートのクリープに似た現象)によりプレストレスが減少する分を見込んで，より高い引張応力を与えることができるようになっています．また大型橋などではプレストレスの減少(鋼材のリラクゼーション及びコンクリートのクリープによる)を補うため，プレストレスを再導入する工夫がされているものもあります．

　このプレストレストコンクリートの歴史も古く，1800年代後半にドイツのデーリングにより特許が取得されています．当初は鋼材の引張強度がそれほど大きくないことからそのリラクゼーション，コンクリートのクリープや乾燥収縮によるプレストレスの低下を補うことが困難でしたが，1900年代に入り，フランスのフレシネーにより鉄筋の4倍以上の強度を持つピアノ線(PC鋼線)の利用とその定着方法が考案され，さらに高強度コンクリートの使用で，クリープを小さくする工夫によりプレストレストコンクリートの普及が進み，その後多くの改良がなされ，今日では大型コンクリート橋にも多く用いられるようになりました．最近では大型橋でプレキャストのプレストレストコンクリートのセグメント(橋桁・床版を一定の長さのブロックとしたもの)を順次空中で連続的にプレストレスを与えながら接続する工法もあります(写真6.3参照)．

　このほか，鉄筋コンクリートとプレストレストコンクリートを組み合わせた，プレストレスト鉄筋コンクリートあるいはパーシャルプレストレストコンクリートと呼ばれる構造もあります．

6.5 その他の補強方法及び材料

鋼材を用いた補強には鉄筋，PC鋼のほかにも鉄骨と組み合わせて用いる鉄骨鉄筋コンクリートや，鋼を繊維状にしたものを用いる鋼繊維(長さ：10〜80 mm，直径0.1〜1.0，強度600〜1200 N/mm^2)コンクリートがあります．前者は超高層ビル建築に，後者は橋面床版コンクリートの補強や，舗装の薄層オーバレイなどに用いられています．鋼繊維には耐腐食性の高くするため，ステンレススチールで作られたものもあります．

このほか鋼材以外の補強材としては各種の無機，有機繊維が用いられています．それらのうち実用化されているものを表6.1に示し

表6.1　コンクリート補強用繊維(短繊維)

繊維種類	長さ(mm)	直径	強度*2 (N/mm^2)	混入率
鋼繊維*1	10〜80	0.1〜1.0 mm	600〜1 200	0.5〜2 vol %
ガラス繊維(耐アルカリ性)				
ロービング	任意	(13 μm×200本)×30束撚り	500〜2 000	3〜10 wt %
チョップドストランド	10〜40	20 μm×100本の束		3〜5 wt %
炭素繊維	3〜25	7〜20 μm	700〜3 000	2〜4 vol %
合成繊維				
モノフィラメント	6程度	10〜20 μm	200〜3 000*3	2〜4 vol %
チョップドストランド	30〜40	1 mm程度		

(注)*1 鋼製，ステンレス鋼製があるが，ここに示したものは鋼製
　　*2 およその目安
　　*3 ポリエチレン，ポリプロピレン，ナイロン，アクリル，ビニロン，アラミド繊維等であるため，強度がこのように大きく異なっている

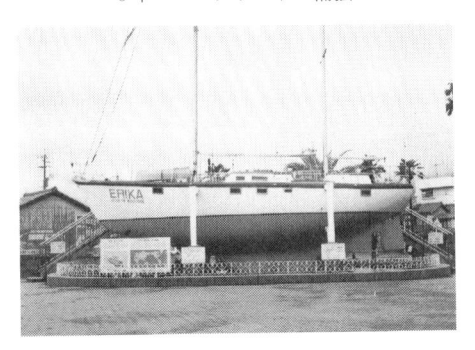

写真 6.4 フェロセメントで建造されたヨット「エリカ号」(日本診断設計(株)長谷川哲也氏提供)

竜骨とわずかな鉄筋を骨組みにして張りめぐらされた鉄網にガラス繊維モルタルを塗り込めて作られた．1979年の建造当時は耐アルカリガラス繊維がなく，通常のガラス繊維が用いられた．このエリカ号で5年間かけて世界一周の航海がなされたが，1996年に行われた調査でもガラス繊維は電子顕微鏡でみて確認できる程度の溶解しか生じていなかった．

ます．この表のうちのガラス繊維については，通常のガラスではコンクリート中の高アルカリ水溶液中で溶解してしまう問題があり，耐アルカリガラスの使用が必須です．また，合成繊維には長繊維をよりあわせてさらに樹脂で固め鉄筋状にしたものもあります．この場合，弾性係数が鉄筋ほど大きくありませんので，コンクリートに引張ひびわれが発生しますが，破断に至るまでのひずみは大きくなるため，じん性はある程度高くなるようです．鋼材のように発錆の心配はありませんので，塩害を受けやすい海岸地域の構造体には適しています．今後の発展が期待される材料です．

7章　コンクリートの寿命と延命策

　コンクリート構造物も設計で十分な配慮がなされ，施工が厳格に行われたら，100年を越えて供用しているものが，わが国はもとよりイギリスなどにもたくさんあります．しかし，コンクリート構造物も長い年月の間には外力による疲労，気象や大気による中性化，凍結融解作用，塩害，水流，交通の排ガスなどによる浸食の外的要因や，コンクリート中のアルカリ分によるアルカリ骨材反応，塩分による鉄筋の腐食などの内的要因によりコンクリート構造体の耐力や機能が低下し，補修や延命工事が必要になったり，解体して建て替えることなどが必要となります．

　また，耐力的には充分であっても，利用上の機能が低下したために維持・修繕や建替えが必要となるケースもあります．しかし，環境問題や資源保護の面からは，コンクリート構造物も簡単に建替えるのではなく，維持・修繕を強化するとともに，機能の回復，構造的補強などに積極的に取組み延命を図る例が多くなってきています．

〔コンクリートの寿命〕
　コンクリートの寿命は単にそれが破壊したことで尽きるだけではなく，次のようないろいろな観点から判断されることになります．
　① 改装，維持・修繕費，機能回復，機能付加などの改築費用が，建替え費用に比べて経済的に有利でなくなる経済的寿命(雨漏

り，ひびわれ，配管の損傷，配線の老化，鉄筋の腐食等）．
② 建設時の設計荷重より大きな荷重が作用し，疲労が著しく進行している構造的寿命(橋梁，舗装など直接に活荷重が作用するものにみられる)．
③ 道路の幅員不足，トンネルの断面不足，摩耗の進行，建物の利便性の低下など機能的欠陥のため，使用勝手が悪くなる機能性の寿命．
④ 地震・火災などで補修不能な状態まで損壊した破壊により低下した寿命．
⑤ 再開発，都市計画あるいは周囲の景観，環境にそぐわなくなるなどで取壊しが必要となる社会的要請による寿命．
⑥ 長年使用されてきたが，コンクリートのひびわれ，中性化，アルカリ骨材反応などの損傷の進行，鉄筋の腐食などにより構造体として全体的に強度も低下し，維持・修繕によっても容易に延命ができず現状の使用条件では不安が生じるようになってきた物理的・強度的要因による寿命

これらのうち，⑥はコンクリートの耐久性としての寿命が尽きたことになりますが，一般にはこの段階まで構造物が利用されることは少なく，それ以外の①〜⑤の理由で寿命が縮められて取り壊されるのがほとんどです．

現在，地球環境の保全のためには，資源の有効活用を図る必要があり，そのためにもメンテナンスフリーで構造体の物理，強度的寿命を長らえさせる耐久性の向上策は重要な事項です．コンクリート構造物の寿命の目標としては，日本コンクリート工学協会では表7.1を示しています．これは税制上の減価償却の耐用年数にも取り入れられています．いずれの場合にも，一般的には50年としていますが，これには機能や経済性などの面も含まれています．実際の

7章　コンクリートの寿命と延命策

表7.1 コンクリート構造物の寿命

構造物の種類	設計耐用期間
特に高い耐久性を要する土木・建築構造物	100年
一般の土木・建築構造物	50年
耐用年数が短くてもよい建築構造物	30年

写真7.1 1920年代に建設されたコンクリートアーチ橋(カリフォルニア州州道1号線)．建設当時より車両荷重が増大し，交通量も増加しているのに70年以上にわたって耐えている．最近，細い支柱の上下取付部に2m程度の鋼材巻き補強が行われた(景観保全のため大がかりな補強は行われていない)．

コンクリートは100年以上も前のコンクリートが現存していて使われていますし，アメリカでは60～70年程度前に作られたコンクリート道路橋が，設計時の荷重と交通量をはるかに上回りながらも現在でも使用に耐えているものが少なくありません．わが国でも，小樽港の岸壁が80年余近くなろうとするのに未だに健全な状態にあることがよく知られています．

最初に述べたハギヤソフィヤ大聖堂の石灰モルタルは，小樽港の使用条件や環境条件とは全く異なり，物性も異なりますが，1200

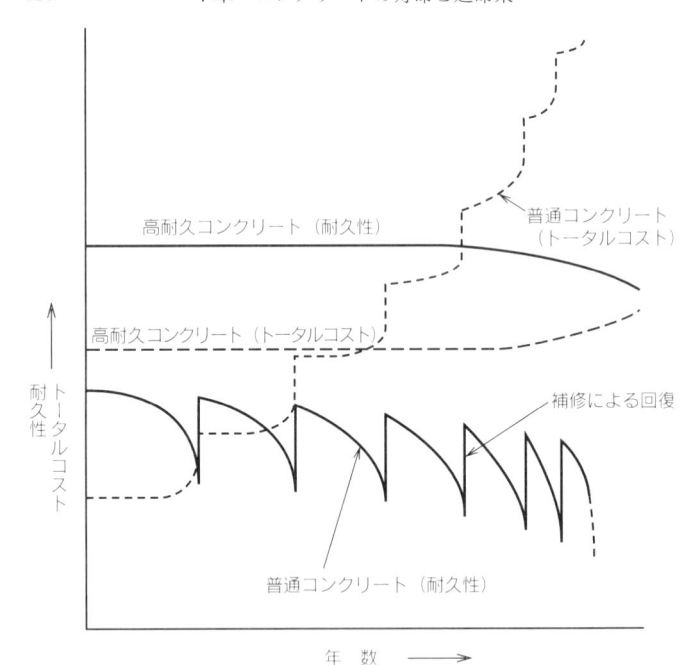

図 7.1 コンクリートの耐久性とトータルコスト

年も耐えていて，今すぐ取壊しの必要もないことから考えれば，コンクリートそのものは緻密に作られていれば相当な耐用年数があるものと思われます．ただし，近年のように単位水量の多いスランプの大きいコンクリートについては 30〜40 年程度の実績しかなく，さらに高性能 AE 減水剤が出現していなかった高度成長期に多用されたスランプが 23 cm にも達するコンクリートは，同じように考えられるかどうかは安易に結論づけることはできません．

　コンクリート構造物の耐久性とトータルコストは図 7.1 に示すような関係にあります．イニシャルコストが若干高くても，メンテナ

ンスコストの少ない耐久性の高いコンクリートとすることにより，50〜100年間のトータルコストを下げるようにするのがよいか，イニシャルコストを安くして，繰り返しメンテナンスコストを積み重ねていき，トータルコストが高くなる方を選ぶかは，構造物の発注者のポリシーの問題ですが，社会のインフラへの投資は子孫への負担や環境への負荷の軽減のためにも前者であるべきだと思われます．

8章 コンクリートの維持・修繕及び補強

8.1 鉄筋コンクリート構造物の維持・修繕

鉄筋コンクリート構造物の損傷は表8.1に示すように,数種類の現象とその原因が多数あります.これらの損傷に対する補修方法はそれぞれの原因によっても異なります.建築物の内外壁の仕上材の補修,取替及び,防水などのコンクリートの直接の損傷に起因しない仕上材の損傷などを別にすれば,鉄筋の腐食部の進行防止又は取替え,ひびわれの補修,摩耗に対する補修,アルカリ骨材の抑制のための水の浸透の防止,中性化の防止,抑制が主なものです.他に

表8.1 鉄筋コンクリートの損傷とその原因

分類(現象)	原因
ひびわれ	設計不備,不同沈下,硬化乾燥収縮,クリープ,疲労,過大応力,鉄筋の腐食,アルカリシリカ反応
摩耗	自動車交通,流水,流砂,波浪
浸食	凍結融解,湿乾繰返し,各種化学薬品,酸性雨,排ガス,有機物,下水,工場廃水,海水
変色,着色	雨水,排水,排ガス,ばいじん,海水,エフロレッセンス
強度低下	過大応力,疲労,鉄筋腐食,凍結融解,初期養生不足
ポップアウト	反応性骨材

不同沈下などによる変形防止のための補強,及び今度の阪神大震災の被害から,今後の地震に備えた既設構造物の耐震補強が挙げられます.以下,代表的な補修工法を写真を主に説明します.なお,耐震補強については次の項で述べます.

(1) 鉄筋腐食部分の補修

塩害で鉄筋が腐食し,その膨張圧でコンクリートが欠落した部分の補修は,鉄筋の腐食部分を切断除去,新しい鉄筋を継ぎ足して,コンクリートを充填します.

(2) ひびわれの補修

通常はこれほど大きなひびわれは発生しませんが,地震により発生したひびわれでも,構造物の変形に至らない程度のひびわれの補修には,エポキシ樹脂をひびわれに直接注入して,ひびわれの接着を行うとともに樹脂の充填により,雨水や炭酸ガスの浸入を防ぎ鉄筋の腐食を防止します(写真 8.11 参照).

(3) 破損部の補修

これも通常はこのような破損は発生しませんが,やはり地震による被害です.構造物がごく部分的に破損を受けた場合,その補修で十分安全性を確保できる場合には,破損部分のみ部分的に打ち換えて補修し,必要に応じて建物全体をより耐震性を高める補修が併用されることになります(写真 8.3〜8.10,8.15〜8.20 参照).

(4) 摩耗部分の補修

摩耗も水路工作物,海岸構造物,道路舗装などそれぞれ別の作用により生じているわけですので,その作用に応じた対策が必要なこ

とはいうまでもありません．ここではつい2，3年前まで多用されたスパイクタイヤにより損傷断面積が著しく多くなり，自動車走行の安全性の面からも補修が多く行われている事例について述べます．コンクリート舗装は，中でもトンネル内舗装(スパイクタイヤはもとより，タイヤチェーンでも長大トンネル以外ではその都度，着脱しないため，降雪や結氷のないトンネル内のコンクリート舗装面が著しく摩耗します)の摩耗が多くなります(写真5.12参照)．この補修には，一般に既設コンクリート舗装面を基準面から5cm深さ程度削り取り，そこへ鋼繊維コンクリートを同じ厚さだけオーバレイして路面を平坦にします．鋼繊維コンクリートは耐摩耗的だとする説もありますが，必ずしもそうとはいえないケースが多いようです(通常の舗装コンクリートよりもモルタル及びペースト分が多く，このためモルタル部分は平均的には粗骨材よりは硬度が低いために，一般に摩耗しやすい)．鋼繊維混入はコンクリートが薄層なため生じる初期ひびわれ及び乾燥収縮によるひびわれの防止や既設コンクリートからの部分的な剥脱防止の効果を期待するものです．

(5) アルカリシリカ反応の抑制

アルカリシリカ反応による被害の発生したコンクリートは外部からの水分や塩分の浸透により，さらにその損傷が促進されるので，それを防ぐとともに，水和が十分に進行し所定の強度に達すれば，コンクリート内部の水分はできるだけ外部へ放出したほうがよいとの考え方から，非浸透，撥水性で，かつ通気性のある，すなわち内部の水蒸気を外部へ放出する細孔を有するが，外部からの水の浸入を防ぐ塗膜をコンクリート表面に施すものです．本来，コンクリートは塗装をしないで用いることで維持費が少なくてすむのが大きな特徴の一つですが，アルカリシリカ反応が起こる可能性のある場合

にはやむをえない処置です．

8.2 耐力補強

耐震補強も耐力補強の一種ではありますが，ここでは構造物の耐震力の向上を目的にするものを除いた耐力補強について述べます．古いコンクリート構造物では，設計の際に用いられた荷重(地震力については耐震補強の項で述べる)でも，特に活荷重(動荷重ともいう)が時代の変遷とともに大きく変わってきています．たとえば，橋梁にかかる自動車荷重などは 50～60 年前に比べて著しく大きくなっていることに加えて，通過交通量も著しく増大しています．一方，構造設計の面では，材料強度も高いものが出現したことにより，設計断面が経済性の面から薄型のものが用いられるようになってきました．しかし，交通量の増加が著しいのと，過積載車両による過大荷重のため，コンクリート版に疲労によるひびわれの発生が各所で認められるようになりました．このような補強には，床版の断面係数を引上げ耐力を増すための上面補強と下面補強があり，一般的にはどちらか一方が用いられているケースが多いようです．また，桁の補強も並行して行われ，それにも，あて鋼版方式，アウトケーブル方式，及びシート貼付方式とがあります．それぞれの概要を図 8.1 に示します(一部写真 8.7～8.20 参照)．

これらの補強工事は高速道路から国道，地方道に至るまで全国各地の道路橋(コンクリート床版橋及び鋼桁橋のコンクリート床版)において盛んに行われています．床版増厚に使用するコンクリートには鋼繊維コンクリートが，必要に応じては鉄筋と併用して用いられていますが，交通止めの期間を短縮するために，早強セメント，超早強セメント，超速硬セメントなどが使用されています．いずれに

8.2 耐力補強

コンクリート床版の補強

|補強前| 補強後|
- 8〜9cmアスファルトコンクリート
- 新しいアスファルトコンクリート (4〜5cm)
- 新しい鉄筋 (用いない場合もある)
- 新コンクリート (5〜8cm) (鋼繊維補強コンクリート) } 上面増厚工法
- 鋼桁
- 既設コンクリート床版 (既設コンクリートの表面は1〜2cm切削して新コンクリートとの付着をよくする)
- 補強鋼板又はカーボンシート張り } 下面補強工法

コンクリート桁の補強工法

○ アウトケーブル方式

補強用ケーブル又はロッド
(締付けによりプレストレスを与える)

ケーブル又はロッド

○ 当鋼板方式

コンクリート桁
鋼板

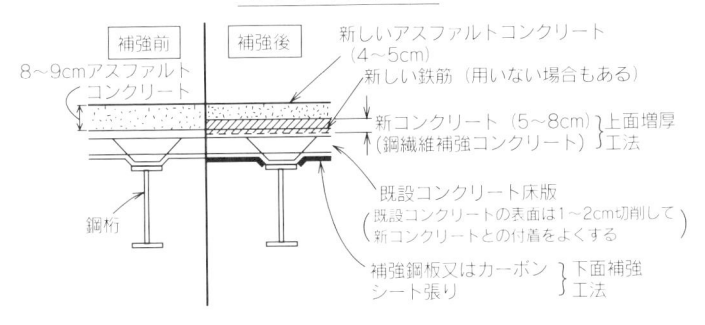

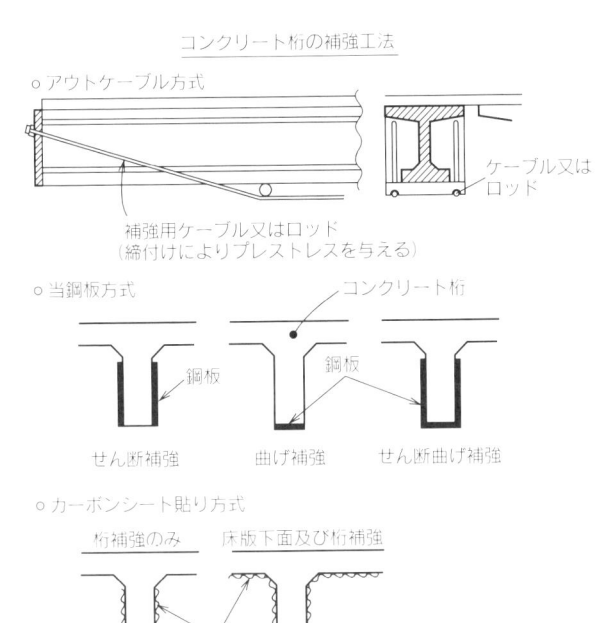

せん断補強　　曲げ補強　　せん断曲げ補強

○ カーボンシート貼り方式

桁補強のみ　　床版下面及び桁補強

カーボンシート

図 8.1　コンクリート橋の補強

しても新・旧コンクリートの付着が非常に重要なポイントです．

8.3 耐震補強

　地震力の作用は，基礎地盤の振動とそれに起因する土圧及び構造体自体の慣性力や共振現象などによる力が，コンクリート構造体への短時間にかつ繰り返し与えられることにより，大きな応力が生じその力が限界を超えると，破壊につながるのです．一般にその破壊は，土木構造物でも建築物でも柱部分で多く発生しています（写真8.1〜8.6参照）．たとえば新幹線や高速道路の高架橋では橋脚部分で破壊が生じました．橋脚の変位が大きく，そのために落橋したものを除けば，橋脚が損傷しないのに，コンクリートの桁や床版が破壊したために落橋したケースはないようです．このような現象や被害状況からみて，補強の対象はおよそ表8.2に示すものが挙げられます．

　耐震補強には，現状は無被害ですが今後の大地震の対策として行われているものと，地震の被害を受けているものの，補修による構造強度や機能の回復に併せて，耐震補強を行っているものとがあります．耐震補強の例を写真8.7〜8.20に示しました．

　構造物の耐震性（耐震強度）の採り方には，①予測される最大の地震にも損傷が発生しない構造強度とする，②ある程度の損傷はやむをえないがそのままでも使用可能な構造強度とする（公共交通施設，公官庁，病院など），補修は使用下で行う，③破損はやむをえないが，破損しても人命に被害を及ぼさないことと，補修，補強により使用可能な強度と構造にする，④破壊はやむをえないが，破壊の過程において人命に被害を及ぼさないよう，完全な破壊までの間に避難できるだけの時間的余裕のある壊れ方をする強度（粘り，じん性）

8.3 耐震補強

表8.2 コンクリート構造物の耐震補強

補強対象		補強の目的	工法
基礎		支持力，抵抗モーメントの引上げ	フーチングコンクリートの継足し(支持面積の拡大)，場所打ち杭又はPC杭の増設(基礎支持力の向上)
橋脚		せん断抵抗力 ＼ 曲げ抵抗力　 ｝の引上げ 圧縮抵抗力 ／	鉄筋コンクリート巻立(断面積増し)(全面または部分) 鋼板巻立て(全面または部分) 鉄筋コンクリート巻立と鋼板巻立の併用 カーボンシート張，カーボン繊維巻
		落桁防止	桁受梁の幅の拡大
橋桁		応力の低減	桁の増設
		引張抵抗力の引上げ	鋼板(下端面)張り カーボンシート張り（床版下面と一体張りの場合も） アウトケーブルまたはロッドの取付
建築物	柱	橋脚に準じる	橋脚に準じる
		せん断応力の低減	柱と腰壁との分離
	梁	橋桁に準じる	柱の増設，柱・梁(ラーメン構造)の一体補強も含む
	壁	壁構造のせん断抵抗力の引上げ	壁の増設，壁の増厚(鉄筋補強も含め)
	床版	応力の低減	増厚(鉄筋補強を含め)
		引張抵抗力の引上げ	カーボンシート張り

と構造にする，の4段階が考えられます．このような観点から考えますと①はコスト負担の面で膨大なものとなり，すべての費用を地震対策につぎ込んだのでは，社会経済が成り立たなくなることが予

測され，現代社会にあってもとり得ない方法です．②〜④はその構造物の重要性，破壊から復旧まで必要な期間の社会活動への影響などを配慮して選ぶべき問題です．

耐震設計法に関しては，阪神大震災の被害状況をもとに，土木学会により設置された「耐震基準基本問題検討会議」の第2次提言が96年1月に行われました．そのうちの地上構造物(橋梁)の耐震性能と耐震設計を要約すると，レベル1の地震動(構造物の供用期間内に1〜2度発生する地震動)については損傷を発生しないことを原則とする．レベル2の地震動(レベル1の地震動に加えて供用期間中に発生する確率は低いが大きな強度をもつ地震動…1000年から数千年に1回程度で発生する)については重要構造物は被災後比較的早期に修復が可能であることと，それ以外は構造物全体系が崩壊しないことを原則としています．

また，このほか建設場所が活断層の直上や最寄りの位置にあったり，軟弱地盤で液状化現象や沈下の予測される箇所と，そうでない箇所とでは構造物の設計に用いる地震力を2段階とした対応がとられることも，新しく取り入れられた方針です．

以下，破壊状況，補修及び耐震補強の事例を写真で説明します．

写真8.1 橋脚がせん断破壊したために落橋したラーメン構造高架橋

写真8.2 鉄筋コンクリートオフィスビルの層崩壊の状況(3階の層全体が崩壊したもの．今回の地震ではオフィスビルのこのような層崩壊が多く起こった)

8.3 耐震補強

写真 8.3 高速道路橋脚(円柱)のせん断破壊(斜めにせん断ひびわれが入り,主鉄筋の段落し部で集中破壊している.帯鉄筋量が少なくて,コンクリートと主鉄筋の膨み出しを拘束できていない)[*]

写真 8.4 高速道路橋脚(角柱)のせん断破壊(X形のせん断ひびわれと破壊.破壊位置では,角形の帯鉄筋の端部は定着不十分でばらけている)[*]

写真 8.5 ビル1階柱のせん断破壊

写真 8.6 1階ピロティ隅柱の曲げ破壊(新耐震基準で設計されたマンション.1階は駐車場で構造計画に無理があった.帯筋量が十分で柱頭・柱脚部に曲げ破壊を生じている.建物は,結局取り壊された)[*]

8章　コンクリートの維持・修繕及び補強

写真 8.7 高速道路高架橋 RC 橋脚の鉄筋コンクリート巻立て補強工法(柱の周囲に補強鉄筋を組み立ててコンクリートを打設する．写真は配筋が完了したところ．ただし，基礎の補強及び増し杭等が必要な場合もある)[*]

写真 8.8 高速道路高架橋 RC 橋脚の鋼板巻立て補強工法(鋼板を巻き立て，すき間に無収縮モルタルもしくはエポキシ樹脂でグラウトする．死荷重増加の少ない工法である)[*]

写真 8.9 鉄道高架橋 2 層ラーメン橋脚の補強(橋脚上部が圧壊したもの，上部の床版をジャッキアップし，鉄筋の再組み立て後に鋼板型枠を組み，内部に無収縮モルタルをグラウト)[*]

写真 8.10 鉄道高架橋 2 層ラーメン橋脚および桁の補強(上記の工事完了後，エポキシ樹脂グラウト注入により，桁も鋼板接着補強)[*]

8.3 耐震補強

写真 8.11 鉄道橋脚の曲げひびわれへのエポキシ樹脂注入(橋脚の柱頭部の補修．柱は細長く，曲げモーメントの大きい柱頭部のみに水平の曲げひびわれが発生．軽微な損傷．この後，鋼板巻立て補強)*

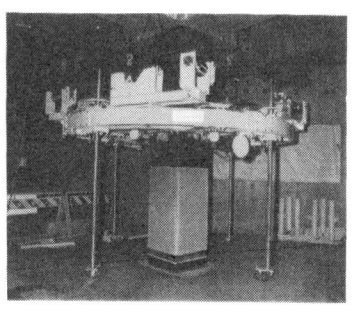

写真 8.12 独立柱の炭素繊維巻き補強(ひびわれへの注入処理および欠損コンクリートの補修などの下地補修後，炭素繊維のせん断補強ストランドをロボットが巻いている．巻き終わった後，表面仕上げを行う)*

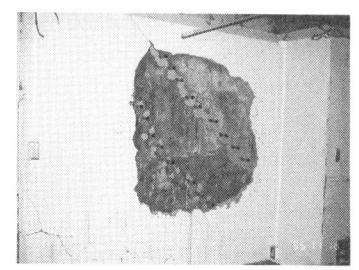

写真 8.13 壁せん断ひびわれへのエポキシ樹脂注入(建物内部の壁面の補修．仕上げモルタルを除去した壁中央部分について斜めせん断ひびわれのシール後，インジェクタでエポキシ樹脂を注入している)*

写真 8.14 RC 梁の炭素繊維補強(新耐震基準で設計されたマンションの1階ピロティ駐車場．梁端部が曲げ・せん断破壊．梁端部の断面復旧の後，梁全長にわたって炭素繊維シートをエポキシ樹脂で貼付け．柱は無被害)*

写真 8.15 橋脚の鋼板巻立補強(楕円形断面)

写真 8.16 橋脚の鋼板巻立補強(上部:楕円形断面,下部(垂直部):円形断面)

写真 8.17 連続桁部の橋脚は小判形断面の鋼板巻,アーチの橋台部支柱は部分鋼板巻(この部分の支柱は左右各1本ずつだが手前の橋脚に隠れて1枚の壁のように見えている)

写真 8.18 ラーメン形橋脚の補強(上部は工事中の落下物防止用デッキ)

右脚柱は円形断面鋼板巻き,左脚柱の頂部及び柱脚部は部分巻き補強で断面も角型.通しボルトで耐せん断補強も角型.

---

*印の写真は,コンクリート検査・補修研究会(IRC)の提供により,コンクリート構造物の「補修・改修工」からの転載.

8.3 耐震補強

写真 8.19 歩道橋の橋脚補強，巻き立て鋼板を通しボルトで締め付けているのが特徴

写真 8.20 地下鉄中央部支柱の鋼板巻立て耐せん断補強

9章 コンクリートの多様化

9.1 プレキャスト化

　コンクリートの利点の一つとして，建設現場で所望の形に造ることができることが挙げられますが，同じものの大量製造，工期短縮，施工の簡素化・標準化，高品質化などの目的と，大型クレーンなどの発達により，工場で製作されたコンクリート構造部材，すなわちプレキャストコンクリートを用いるケースが非常に増えつつあります．小さなものは歩道の舗装に用いるインターロッキングブロックから，大きなものはPCセグメント工法の，橋梁や高さの大きな橋脚柱にまで利用されています．また，ビル建築などではハーフプレキャスト工法と呼ばれ，コンクリート床版の下半分を工場で製作し，残り半分を現場打ちすることにより，型枠の設置及び取り外し，配筋の手間など省力化する工法も多く用いられるようになりました．コンクリートの高強度化，超高強度化，プレストレスト方式の採用などにより断面積の削減から軽量化が進み，ますます大型化することにより省力化が図られ，普及が進むものと推定されます．

　経済的には現場で製作する場合(場所打ちコンクリート)のコストと，工場製品とその運搬・据え付けるコストでは，一般的には前者のほうが有利となるケースが少なくありませんが，工期短縮の面ではプレキャスト化のほうが圧倒的に有利です．また，工場製作のた

写真 9.1 道路橋用のプレキャストセグメント(プレストレストブロック)工法
このセグメントは大型のため架橋地点の現場付近で製作されたもの．セグメントを順次継ぎ足しP.C鋼棒で緊結しながら架橋される．このセグメント一つで2車線と路肩を含む幅を有している．

写真 9.2 工場製作プレキャスト(プレストレストコンクリート)桁による道路橋の架橋の状況

め，寸法精度，品質の安定性，大量生産製作時には天候の影響を受け難い等の点では場所打ちコンクリートに比べて明らかに有利な点が数多く挙げられます．

また，最近では一つのスパンの両端部をプレキャストのセグメントとし，スパン中央部を鋼桁とした組合せによる大スパンの橋梁も出現しています(写真9.3参照)．

9.2 超高強度化

高強度コンクリート，あるいは超高強度コンクリートとは，強度がいくつ以上のものを指すのかは，明確な定義はありませんが，今のところ，JASS 5 で設計基準強度(圧縮強度)が $30\,\text{N/mm}^2$ を超

9.2 超高強度化

えるものを高強度コンクリートとしています．最近では設計基準強度が 60 N/mm² あるいはそれ以上のコンクリート(実際の破壊時の強度は 80〜110 N/mm² にも及びます)が用いられるようになりましたが，このレベルの強度を超高強度と呼んでいるようです．室内実験では骨材にスチールボールや鉄片を使い，高圧やオートクレーブ養生を施すことにより圧縮強度が 400 N/mm² 程度の記録もありますが，実用レベルでは図 9.1 に示すものが，今のところ破壊強度の限界です．設計基準強度にして 100 N/mm² を超えるものは超々

写真9.3 各スパンの両端部(斜張ケーブル吊部)はコンクリートセグメント，中央部は鋼桁(第2名神高速道路・揖斐川橋：エクストラドーズド橋*)

---

*斜張ケーブルと主桁の両方で荷重を分担して支える斜張橋と桁橋の複合された構造型式の橋．

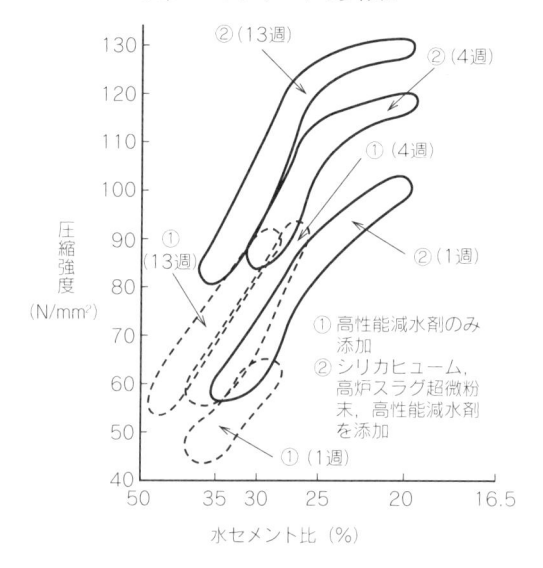

図 9.1 水セメント比と強度との関係の概略[1]

グラフ中の記述:
- ②(13週)
- ②(4週)
- ①(4週)
- ①(13週)
- ②(1週)
- ①(1週)
- ① 高性能減水剤のみ添加
- ② シリカヒューム,高炉スラグ超微粉末,高性能減水剤を添加
- 縦軸: 圧縮強度 (N/mm^2)
- 横軸: 水セメント比 (%)

備考 1. 水セメント比をある値としたとき,コンクリートの圧縮強度がどのような値となるか,その範囲を示す.
2. 1週,4週,13週は材齢を示す.
3. ②の場合,水セメント比は,セメントとシリカヒュームとの合計量に対する水量の比である.

高強度とでも呼ぶのでしょうか.筆者の実用化したコンクリート(超硬練り高振動締固めコンクリート:普通セメント以外には混和材は使用せず $w/c = 25\%$,普通の砕砂及び山砂,高性能 AE 減水剤使用)では,圧縮強度でほぼ 100 N/mm^2,曲げ強度で 11 N/mm^2 に達しています.

 超々高強度コンクリートの実現には,鉄筋のほうも高強度化,高じん性化が必要となることは当然です.当面の超々高強度コンクリ

9.2 超高強度化

写真 9.4 超高層 RC 住宅(45 階建て地上 160 m). 1996 年 8 月現在ではわが国で最も高い RC 住宅(名古屋市内). 設計基準強度の最大は 60 N/mm², 高ビーライト系セメントを使用

ートとしては，設計基準強度 120 N/mm² 程度を目指しての開発にしのぎが削られています．

このような超高強度コンクリートを用いた構造物は，今のところ高層住宅及び吊橋，斜張橋などの主塔などがあります．超高層住宅の初期の例では 46 階建てで設計基準強度が 60 N/mm² 程度のものが用いられていましたが(写真 9.4 参照)，現在では 100～180 N/mm² が用いられ，橋梁の主塔では同じく 80 N/mm² のものが用

いられています．また，海外の例では 130 N/mm² を超すものもあらわれています．

9.3 高流動コンクリート

従来の AE 減水剤の減水率が 13％程度なのに比べて，18％あるいはそれ以上に減水効果があり，混合から運搬，打込みに至るフレッシュコンクリートのコンシステンシーの変化が小さい高性能 AE 減水剤の出現によって，コンクリートの単位水量を低く押さえたまま流動性の高いコンクリートを製造・運搬することが可能になりました．これによりコンクリート打込み作業の省力化や，鉄筋量の多い構造体への充塡性を高め，ジャンカ(コンクリートのモルタル分が十分に行きわたらず粗骨材粒間に隙間ができる"す"や"豆板"状になった箇所(写真 9.5 参照))をなくすことにより，構造体としての鉄筋コンクリートの信頼性を高めることができます．人手に頼らず重力(自重)による流れのみで型枠の隅々や鉄筋の周りを隙間なく充塡することにより，鉄筋コンクリート構造物の信頼性を高めることができるようになったのは画期的なことです．このような背景から，この種のコンクリートを高流動コンクリート，あるいは締固め不要コンクリートなどと呼ぶようになりました．一般的には前者の呼び方がなじんでいるようです(写真 9.6〜9.9 参照)．

この高性能 AE 減水剤は，通常のコンクリートにおいて，単位水量の少ないコンクリートを作るにも用いられますが，その場合には，特に高流動コンクリートにはしません．高性能 AE 減水剤の効果的な使用方法は，超高強度コンクリートに用いる場合です．超高層住宅用の鉄筋コンクリートの下層階では，非常に大きな応力を受けるところから，超高強度コンクリートの使用が必須です．このためコ

9.3 高流動コンクリート

写真 9.5 コンクリートの"す"(ジャンカ)[十分な補修がされないまま仕上げ材に隠れていると鉄筋の腐食により建物の耐久性が低下する．高流動コンクリートはこのようなジャンカを発生させないことにより，建物の耐久性を高めるのを目的の一つとして開発された].

写真 9.6 高流動コンクリートの充填状況(右側の柱下部からコンクリートを投入，バイブレータの使用なし)

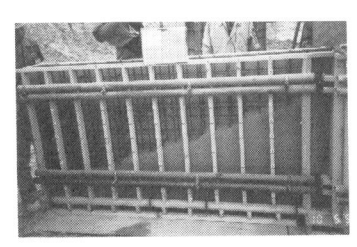

写真 9.7 流動性の高くないコンクリートの充填状況(右側の柱部分からコンクリートを投入，バイブレータの使用なし)

写真 9.8 実大実験用壁及び柱の配筋状況(高さ 3 m，長さ 30 m，厚さ 0.15 m)

ンクリートの配合としては強度上及び分離抵抗性，鉄筋通過性の確保から，セメント及び混和材としての粉体量が多くなり，その結果コンクリートの粘性が増加するのを防ぐ必要のあることと，鉄筋量

写真 9.9 打設の終了した実大実験壁(第1回目の投入は右端柱上部からコンクリートポンプによる. 左側の側壁部までコンクリートが到着した. 右から左にかけて左下りで, 1回目と2回目の打継面で斜め方向に色が変わっているのがわかる.)

も多くなるところから, 流動性及び充塡性の高い, すなわち高流動コンクリートが用いられるわけです.

　高流動コンクリートのコンシステンシーは, 流動性の高いことはもとより, 鉄筋間を通過する抵抗が小さいこと(コンクリートの粘性が低いこと), 流動による材料の分離, 特に粗骨材の分離が生じないこと(適度の粘性が必要)が大切な要素です.

　この流動性を表す指標としては多くの計測方法が提案されていますが, スランプフロー(スランプ試験での広がりの直径)及びフローが停止する時点までのフロータイムが流動性, 分離抵抗性及び鉄筋通過抵抗の判定には, 迅速かつ簡便な点で優れていることを表している報告[2]もあります.

　この他に, 施工現場に到着した生コンクリートの運搬車のドラム中に流動化剤を添加して, コンクリートの流動性を高める, 流動化コンクリートによる施工を行うケースもあります.

9.4 スリップフォームコンクリート

コンクリートの成型は工場製品の加圧成型や，舗装およびダムで用いられるローラ転圧コンクリート以外は，型枠の中に打込んだコンクリートを振動機などで締め固めて成型する方法が採られています．しかし，省力化・急速施工，型枠等の資材の省資源化などの目的で，等断面形状の延長の大きな構造物(たとえば，道路の側溝，舗装止，道路中央分離帯の飛越防止壁としてのセンターバリア，軌道敷，舗装など)の施工において，移動する型枠中にコンクリートを流し込み，型枠の通過する数十秒の間でコンクリートを締固め・成型・自立させる工法としてスリップフォーム工法が盛んに行われるようになってきました．この工法は，アメリカでは30年以上も

写真 9.10 高速道路中央分離帯の飛越し防止壁としてのコンクリートセンターバリアのスリップフォーム工法による施工状況(1時間当たり 20〜30 m の施工速度，コンクリートは長さがわずか 2 m の型枠が通過する間に打ち込み，締固めが行われ，締固め後 2〜3 分くらいでコンクリートは完全に自立することになる)

前から用いられていますが,成型精度や表面のでき映えが,型枠を用いた場所打ちや2次製品に比べて若干劣るところから,わが国では先頃まで小断面のもの以外には用いられていませんでしたが,最近では上記理由によりセンターバリアで高さが1.2 mのものやコンクリート舗装にまで使用されるようになってきました.

　フレッシュコンクリートの性状としては充填性が高く短時間で自立性が高いことが求められるため,通常のコンクリートとは少し異なった配慮が必要です.すなわち,自重による変形を極力小さくするため,細・粗骨材を合成した粒度曲線は滑らかなバナナ型カーブを描くのを理想とし,バイブレータで締固めを受ける際に連行空気の脱泡により流動性を低下させ,自重によるスランプを防ぎ自立性を高めるわけです.

　このほか,垂直方向に移動する型枠で施工するものにスライディングフォーム工法と呼ばれるものがあります.穀物サイロ,飼料サイロなどの建設に用いられています.この工法では,コンクリートの上昇に伴って下方のコンクリートには上方に打ち込まれたコンクリートの重量がかかってきますので,水平方向のスリップフォーム工法のように,わずか数10秒で型枠を移動するのには無理があり,1リフトごとに圧縮強度が$0.1 \sim 0.2 \text{ N/mm}^2$くらい発生した時点で,型枠をジャッキアップする断続的な施工方法を採っています.

9.5　コンポジット化

　従来,道路舗装では,セメントコンクリート舗装が損傷した場合に,その補修としてアスファルトコンクリートのオーバレイを施す方法はよく行われていますが,新設の段階から,セメントコンクリートとアスファルトコンクリートの層を組み合わせて作られる舗装

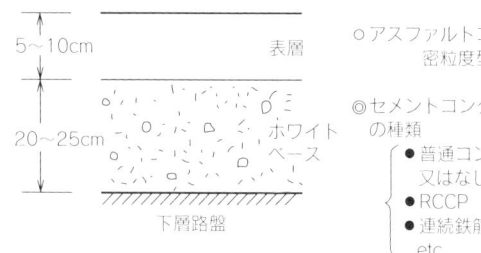

9.5 コンポジット化

(a) ホワイトベース

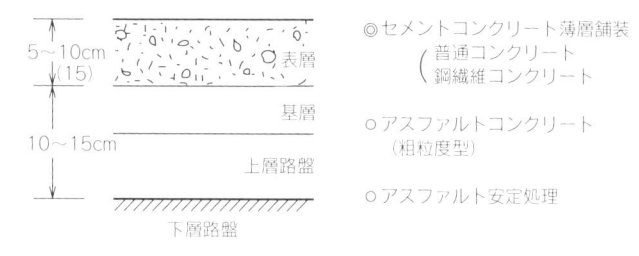

- 5〜10cm：表層
  - ○アスファルトコンクリートの種類
    - 密粒度型，低騒型（排水性），etc
- 20〜25cm：ホワイトベース
  - ◎セメントコンクリート（ベースコンクリート）の種類
    - ●普通コンクリート（鉄網入り，又はなし）
    - ●RCCP
    - ●連続鉄筋コンクリート
    - etc
- 下層路盤

(b) ホワイトトッピング

- 5〜10cm（15）：表層
  - ◎セメントコンクリート薄層舗装
    - 普通コンクリート
    - 鋼繊維コンクリート
- 基層
  - ○アスファルトコンクリート（粗粒度型）
- 10〜15cm：上層路盤
  - ○アスファルト安定処理
- 下層路盤

図 9.2 コンポジット舗装の概要

をコンポジット舗装と呼びます．その組合せには図9.2に示すような方法があります．わが国では図9.2の(a)に示したコンポジット舗装が，重交通道路や高速道路に用いられています．また，破損したコンクリート舗装にアスファルトコンクリートをオーバレイしたものも結果的にはこの形になりますが，しかし，下層のコンクリートが破損してからではコンポジット舗装としての本来の機能は果さないことになります．一方，図9.2(b)のホワイトトッピングは，アスファルトコンクリート舗装の補修・補強用としてアメリカでの施工例が多くなってきています．およそ10年ほど前のものは15cm厚さのものが主流ですが，5〜6年ほど前からは厚さ5cmのホ

ワイトトッピングが試験的に施工されて追跡調査中で，交通量の比較的少ない道路の舗装寿命の延命用として注目されそうです．

9.6 複合コンクリート

いろいろな材料とコンクリートとの複合が考えられますが，現在のところ複合コンクリートとはポリマーコンクリートのことです．このポリマーコンクリートにも，①結合材として樹脂を用いたレジンコンクリート，②セメントコンクリート中の空隙をポリマーで埋め，熱か放射線で重合させるポリマー含浸コンクリート，③多孔質コンクリートの空隙に熱硬化性樹脂(2 液性)のポリマーを注入硬化させるポリマー注入コンクリート，④コンクリートの混合の際にセメントと一緒にポリマーを用いて作るポリマーコンクリートがあります．

①は結合材として不飽和ポリエステル，エポキシ，フラン，ポリウレタン，MMA などの樹脂材料を用いるもので，今まで述べてきたセメントコンクリートの性質とは大幅に異なります．これらのうち，②〜④はセメントコンクリートの性質の改善にポリマーを用いたもので，本質的にはセメントコンクリートなのです．防水，耐薬品，耐摩耗処理などとしての効果も認められていますが，構造用

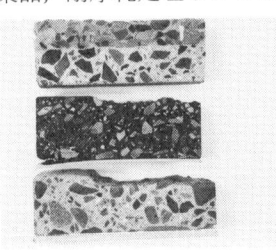

(上) 複合コンクリート(注入型)
　　　 摩耗試験 30 時間後の断面
(中) アスファルトコンクリート(耐流動型)
　　　 摩耗試験 9 時間後の断面
(下) 普通の舗装コンクリート
　　　 摩耗試験 30 時間後の断面

写真 9.11 各種コンクリートの摩耗試験後の状態

として大規模に用いられている例はありません．

9.7 機能性の向上

コンクリートは，主として，構造物の主材としての構造強度を主体に用いられてきましたが，環境保全の一環として，緑化への寄与や，景観とのバランスや，人にやさしい観点からの機能などが求められるようになりました．一例を挙げますと，①緑化コンクリート，②景観コンクリート，③透水性コンクリート，④吸音性コンクリート(防音壁，舗装)などがあります(写真9.12～9.18参照)．

①は緑化しやすい機能をもたせたコンクリート壁面で，主にブロック積み法面，壁面やポーラスコンクリートと石積の組合せなどとして利用されています．②は擁壁のような大面積の壁面，大断面で背の高い都市高速道路の橋脚などの殺風景なコンクリート面に，塗装やレリーフなどを施し周辺の景観とのバランスを採ったり，あるいは道路の立体交差などのコンクリート構造物のデザインも周辺の

写真9.12 景観とよく調和のとれたコンクリートアーチ橋

写真9.13 橋面スラブの張出し端部に丸味をつけたことにより威圧感の薄らいだ都市高速自動車道の高架橋

9章　コンクリートの多様化

写真9.14　殺風景な高架橋の橋脚も，少しレリーフを施すだけで親しみが感じられる．

写真9.15　縦方向のストライプラインもすっきりし，楕円形断面が軟らかさと安定感を与える．

写真9.16　高速自動車道のコンクリートセンターバリアのアメリカにおける歴史は古いが，最近では安全性と景観の両面からバリアを2重にしてその間に植栽をしたタイプが増えだした．写真左側の植栽帯がバリアを兼ねている．わが国では今のところそこまではいってない．

写真9.17　高架橋のしゃ音壁の外側も周辺の景観との調和を図るカラーレリーフの埋込みが施されている（サンフランシスコ郊外：工事中）．

写真9.18　レリーフの一例．河川護岸の例を示した．自動車道路の路側にも最近みかけるようになったが，排ガスの汚染によりかえって美観を損っているケースもある．採否にあたっては汚れなども配慮すべきであろう．

景観とのつり合いをとることが求められます．したがって，そのための建設費の増加や，樹木，塗装などの維持費のコスト高は景観への投資といえます．

コンクリートの景観については，今後ますます重要性が高まる要素だけに再び採り上げてみました．吊橋，斜張橋，アーチ橋，アーチダムなど力学的に複雑な構造体は，一方で直線や曲線の組合せが美しく，周りの景色の中でひときわきわだった景観を呈しています．コンクリートもその色を押さえるために，周りの緑の木立に溶け込むようにしたものは，その形を隠すことにより景観とのバランスをとっています．また，都市高速道路の高架橋の橋脚のように威圧的にそびえるような巨大なコンクリートの柱も，レリーフなどを施すことにより，一種の都市美のような景観にも変貌し，単純な構造体のコンクリートによる都市空間の無味乾燥さを打ち消してくれるでしょう．利便性を追及するあまり景観まで犠牲にするのは 50 年，100 年と耐えるコンクリートだけに考えものです．むだに虚勢を張る必要はありませんが，工夫と少しの費用で美しいものを残すゆとりがほしいと思います．③は雨水を土中に浸透させて緑化を助けたり，市街地の歩道や駐車場から下水道に流入する雨水の量を減じて，下水処理に要する費用の削減にも役立つもので，イニシャルコストは別として，社会的には還元メリットがあります．また，④は自動車騒音の低減に役立ち環境保全に寄与するものです．

9.8 コンクリートのリサイクル

現在わが国ではコンクリート構造物の取壊しにより発生しているコンクリート塊は年間 2 500 万トン程度とされています．このうち約 50 ％が再生加工して，道路用路盤材や，埋戻し土砂代わりに用

いられていますが,残りは埋立て廃棄にされています.埋立ても土地造成が目的であれば,有効利用だとの見解もありますが,資源の有効利用のためにも,より付加価値の高い用い方や,コンクリートの分野でのクローズドリサイクリングが望ましい方法と思われます.そのような観点から,発生したコンクリート塊はコンクリート用骨材として活用するのが最も望ましいリサイクリングの方法といえます.

わが国で製造されているコンクリートは,生コンクリートだけでも年間 1.5 億 m³ 弱ですが,これに 2 次製品用や,ダムコンクリートのように超大型工事現場で作られているコンクリートを加えると年間 1.7 億 m³ に達すると思われます.

このコンクリートの骨材使用量は 3.5 億トン/年にも達します.天然骨材資源の枯渇,開発可能な砕石資源の不足が叫ばれ,骨材供給の先行き不安が現実のものになりつつあり,海外産骨材の輸入も一部で始まっている現在にあっては,再生骨材の活用は非常に重要なテーマです.すでに建設省通達で,表 9.1 に再生骨材の品質基準が,表 9.2 にその用途別使用区分が示されています.しかし,表 9.3 に示されている第 1 種再生粗骨材(天然骨材と同等の品質とみなされる)の生産における歩留りは,コンクリート塊の 27 ％程度であり,残りの 73 ％のうちの 31 ％分を第 1 種再生細骨材としたところで,鉄筋コンクリートには用いることができません.さらに 42 ％の微粉の用途に至っては,細かすぎて埋立にもそのまま利用できないものです.このため現在では再生骨材の実用化は,この 42 ％前後の余剰微粉を埋立てできる廃棄場を保有していない限り不可能なことで,加えて再生骨材のコストが,市販骨材のコストを上回らないだけの,コンクリート塊受入れ処理費を確保できる場合に限られます.

9.8 コンクリートのリサイクル

表 9.1 再生骨材の品質(旧建設省通達)

項目 種別	再生粗骨材			再生細骨材	
	1種	2種	3種	1種	2種
吸水率(%)	3以下	3以下	5以下	7以下	5以下	10以下
安定性	12以下	40以下 (40以下)*	12以下	—	10以下	—

*凍結融解耐久性を考慮しない場合.

表 9.2 再生コンクリートの種類(旧建設省通達)

再生コンクリートの種類	再生コンクリートの設計基準強度 σ_{ck} (N/mm^2)	使用粗骨材	使用細骨材
I	21以上 (鉄筋コンクリート用)	再生粗骨材1種	普通骨材
II	16以上 (無筋コンクリート用)	再生粗骨材2種	普通あるいは 再生細骨材1種
III	16未満 (捨てコンクリート)	再生粗骨材3種	再生細骨材2種

表 9.3 再生骨材の品質と生産割合の例(旧建設省総プロ報告書)

再生骨材の品質	粗骨材1種 と 細骨材1種	粗骨材2種 と 細骨材1種	粗骨材2種 と 細骨材2種
再生粗骨材	27 %	44 %	44 %
再生細骨材	31 %	28 %	40 %
微粉, 細砂	42 %	28 %	16 %

9章 コンクリートの多様化

写真 9.19 再生プラントへ搬入されたコンクリート塊

写真 9.20 コンクリート塊を破砕し,粒度,含水率を調整した再生路盤材(数%のセメントで安定処理を行う場合もある)

写真 9.21 骨材にコンクリート破砕材を100%用いた再生RCCP(転圧コンクリート舗装)

写真 9.22 コンクリートの再生路盤は土砂が混在しなければセメントを用いなくとも1年後には2 N/mm² 程度の圧縮強度(コア)が得られるくらいの再硬化が生じる.

写真 9.23 RCCPのカット断面(この部分はコンポジット舗装).表層にアスファルトコンクリートが施されているが,必ずしもコンポジット化は必要ではない.

表9.4 再生骨材の品質(TR A 0006)

	再生粗骨材	再生細骨材
吸水率（％）	7以下	10以下
微粒分量（％）	2.5以下[*1]	10以下[*1,*2]

(注) [*1] 骨材の製造方法が湿式の場合にはこの値は通常満足されるので，特に検討する必要はない．乾式の製造方法で微粒分が著しく増えたり，泥分が混入する場合があるので，試験によってこれを確認する．

[*2] 日常の品質管理において微粒分量試験の代わりに JIS A 1801 を用いる場合は砂当量の値が65％以上とする．

なお，微粉末を原料とした再生セメントと，それを用いた再生コンクリートが作られた実績もありますが，生コンクリートの市況の問題があり，現在では生産されていません．今後，耐用年数のきた原子力発電所の，遮へい用コンクリートの解体で発生するコンクリート塊は，放射能の汚染が認められない部分のコンクリートであっても，発電所外へ搬出し再生利用をするのは難しいので，発電所内での再利用が研究されています．それは粗骨材は回収し，再びコンクリートに再利用し，細骨材及び微粉体はモルタルとして低レベル放射能廃棄物の封入用グラウト材としての再利用しようとする狙いです．現在，さらに細骨材も含めて鉄筋コンクリートへの再利用の可能性について研究開発が進められています．

再生粗骨材そのものは粗骨材粒からのモルタル分の除去を十分に行えば，第1種再生粗骨材と同じ品質基準で扱われ問題はありませんが，2種，3種再生骨材にとどまったのでは用途が著しく限定され，需要量の確保が難しくなることも考えられます．

しかし，第1種再生粗骨材のみの生産では歩留が悪く，2次廃棄物が多量に発生することになり，環境対策上でも優れた再生方式と

は、とてもいえるものではありません。このような2次廃棄物の発生を抑制し、資源の有効利用を図る目的で加工度の低い、モルタル分を相当量含んでいる再生骨材を用いたコンクリートについて、2000年に TR R 0006「再生骨材を用いたコンクリート」として標準情報(TR)(将来、JIS規格化される可能性のあるものとしての情報)が公示されました。それによれば種類は標準品、塩分規制品および特注品の3種類で、標準品は呼び強度が $12(N/mm^2)$ に対応するもの、特注品は $18(N/mm^2)$ 以下で対応するものとなっています。また用いる再生骨材の品質は表9.4に示すものが定められています。

なお、現在コンクリート再生骨材及びそれを用いたコンクリートとして、表9.5に示すものが JIS 化に向けて準備が進められています。

この他、資源のリサイクルの面では、コンクリートに多くのものが用いられています。まずセメントでは高炉セメントやフライアッシュセメントは永い歴史がありますが、最近では都市ゴミの焼却灰を原料としたエコセメント(TR R 0002—2000)が出現しました。

また、混和材としては超高強度コンクリートに用いられるシリカ

表9.5 コンクリート再生骨材の JIS 化の動向

再生骨材の処理レベル	名 称(仮称)	JIS としての取扱い
高 度 処 理	コンクリート用再生骨材 H	JIS A 5021 (JIS A 5309 の中での骨材として利用する)
中 程 度 処 理	コンクリート用再生骨材 M を用いたコンクリート	JIS 化の予定 再生骨材 M は附属書に規定
簡 易 処 理	コンクリート用再生骨材 L を用いたコンクリート	JIS 化の予定 再生骨材 L は附属書に規定 (TR A 0006 の若干拡大)

9.8 コンクリートのリサイクル

ヒュームも，もとはといえば廃棄物(用途ができたことで副産材といわれるが)ですが，それに類した用途への可能性がでてきたものに，もみがらの焼却灰があります．世界中で大量に生産されている米にとって，もみがらのリサイクルは大きな福音でしょう．

リサイクル骨材に関しては図 3.2 を参照して下さい．

このほか，コンクリート塊を大割の状態(約 200〜100 mm サイズ)のまま，コンクリートの打ち込み中に埋め込みながらコンクリート構造物を作るポストパックドコンクリート工法もありますが，コンクリート塊の詰込み作業の機械化が難しいことからあまり普及するには至っていません．

このような背景から現状におけるコンクリート塊の再生利用は，舗装用再生路盤材としての用途が需給および経済性の面で最もバランスがとれ，余剰物質の発生もほとんどありませんので，最大の再利用の需要先となっています．しかし，道路舗装も新設が少なくなり，舗装そのものの再利用が進み，コンクリート塊を舗装分野に一方的に再利用する需要も減少しつつあります．したがってクローズドリサイクリングの思想から考えれば，コンクリート廃棄物の再利用はやはりコンクリート材料として実現していきたいものです．

そのような観点からみれば，再生転圧コンクリート舗装は，コンクリート塊の破砕材のすべてをそのまま骨材の全量として再利用できるので，有効なリサイクルですが，舗装新設のすべてにそのような方法で対応するくらい利用しないと，発生量の全量を消費することはできません．このようなことから，コンクリートとしても一つの用途のみでなく，総合的なリサイクル対策が必要と思われます．

10章　エピローグ—その将来の展望

10.1　コンクリートの評価

　これからのコンクリートは強度などの物性，耐久性，施工性，工期，コストなどの物理的・経済的な面のみでなく，環境保全，景観，社会的損失などの多くの要素にウェイトづけをして評価することが必要であると考えます．しかし，このウェイトは工事現場の環境によっても異なることにもなるものと思われますので，図3.4には各要素のウェイトを均等にした8要素の場合について示しています．

　図3.3に比べると単に技術的な面のみでなく社会的な項目が多いわけですが，時代の要請でもあり，これらの多くの項目について考えてこそ，工事に伴って社会に与える損失を最少限度にとどめ，機能性はもちろんのこと環境保全に役立ち，景観と調和がとれる耐久性の大きいコンクリートを作り出すことができると考えます．コンクリート構造物は，その時代の人のみが評価するのみでなく，後世の社会が評価するものでもあると思います．

10.2　超々高強度コンクリート

　強度はセメント水比で決まるというのがコンクリートの基本原理なのですが，同じセメント水比でも，セメントペースト固化物（セ

メントに水を加えたのみの固化物)，モルタル，コンクリートの順に強度が低下します．これはコンクリートの収縮やクリープを小さくするためには骨材を使用しなければなりませんが，セメントペーストと骨材の付着力がコンクリートの強度を支配するためで，ペーストと細骨材粒子表面との付着力はペースト単味の引張力に比べてかなり小さいこと，同様にモルタルと粗骨材粒表面との付着力がモルタル自身の引張強度より小さいことからくる現象です．このため，軟練りのコンクリートで 100 N/mm^2 程度の強度を出すには，シリカヒュームなどのサブミクロン級の粉末によりセメント水和物の間隙を埋めることも必要になりますが，もともと余剰水が少なく，高エネルギーで締固める超硬練り高振動締固めコンクリートではシリカヒュームを用いなくても 100 N/mm^2 程度の強度を得ることができます．しかし，超硬練りのため場所打ちのコンクリート柱や壁には施工することはできません．

現在わが国では，30〜50階(高さ120〜160 m程度)の鉄筋コンクリート超高層住宅の建設が実用化の域に入り，設計基準強度が 100 N/mm^2 程度(破壊強度で 120 N/mm^2 前後)の超高強度コンクリートが用いられています．

既に一部では，場所打ちコンクリートとして設計基準強度が 120 N/mm^2 の超々高強度が出現するにいたりました．これらの超々高強度コンクリートの概念は図10.1に示すとおりです．したがって超々高強度コンクリートの開発には，コンクリートの超々高強度化の開発と併行して，鉄筋の超高強度化，超じん性化を図ることも必須条件です．

ゾーン I　　　：高強度材料を用いたRC造
ゾーン II-1　：超高強度コンクリートを用いたRC造
ゾーン II-2　：超高強度鉄筋を用いたRC造
ゾーン III　　：超高強度材料を用いたRC造

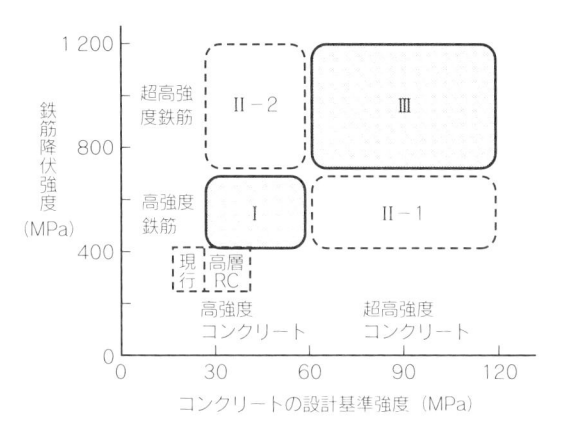

図 10.1　新しい鉄筋コンクリートの研究開発のゾーニングと材料強度との関係（概念図）[1]

10.3　超高耐久コンクリート

古代エジプト時代のピラミッドから，ギリシャローマ時代のゴシック建築などの石造建造物は数千年を経た現在でも，その雄姿を誇示しているものが少なくありません．先に掲げたハギヤソフィヤ大聖堂の石灰モルタルも 1200 年を経た今でも立派にれんが造りのドームを支えています．それに比べて現代のコンクリート構造物の寿命が 50 年，100 年というのは少し寂しい気がします．もちろん建造物としては，それが存在していればいつまでも使えるというものでなく，機能や利便性がその時代に合わなくなれば大半が取り壊さ

れ，再建設されていくことになりますので，すべてのコンクリートが500年，1000年と耐えられなければならないことはありません．

しかし，人類にとって遺産的な建造物や公共施設(ダム，トンネル，高速道路，都市高速道路，地下鉄，……etc)などは，50～100年で作り替えていたのでは社会的に大きな損失(建替えによる直接のコストと建替えによって生じる間接的な社会的損失)となります．このような観点からコンクリートの耐久性を高める工夫も，今後さらに重視しなければならない問題だと思います．現在でもコンクリートの耐久性の向上のためにはアルカリ骨材反応の抑制，塩分による鉄筋の腐食の防止，中性化の抑制など，コンクリート自体及び設計上の配慮，仕上材，表面処理材などが，より効果的に用いられるようになってきています．したがって，アルカリシリカ反応や塩害問題でコンクリートクライシスと騒がれた20年程以前に比べれば，より耐久的なコンクリートが作られていますが，さらに300年，500年，1000年と耐久性を高めるための研究が行われています．

その一例としてコンクリートにグリコールエーテル誘導体とアミノアルコール誘導体に基づく混和剤を用いると，コンクリート中の空隙率をきわめて小さくでき，超緻密なコンクリートを作ることができる[2]というものです．これにより乾燥収縮の低減でひびわれが発生しにくくなったり，耐凍害性が大となり，外部からの水分，炭酸ガス，塩分の侵入を防ぎ，コンクリートの中性化や鉄筋の発錆を防ぎ，鉄筋コンクリートの寿命が大幅に延びることになるわけです．

使用量の少ない有機質の混和剤で長寿命化が図れるという画期的な技術です．今後もこのような技術開発が盛んに進められることでしょうが，建設に携った人が自分自身でその耐久性を見届けることができないのは少し残念です．

10.4 超軽量高強度コンクリート

ダムや放射線遮へいコンクリートなど，その密度の大きさに依存しているコンクリートを除き，一般的にはコンクリートの欠点の一つとして，強度のわりにはその密度が大であることが挙げられます．このため，コンクリートの軽量化を図る研究が古くから行われてきて，数多くの技術が実用化されてきました．図10.2にそれらのコンクリートの密度と圧縮強度の関係を示しました．

この図からもわかるように，コンクリートの密度を小さくしてくると，それに伴って強度のほうも低下してくることになり，密度が

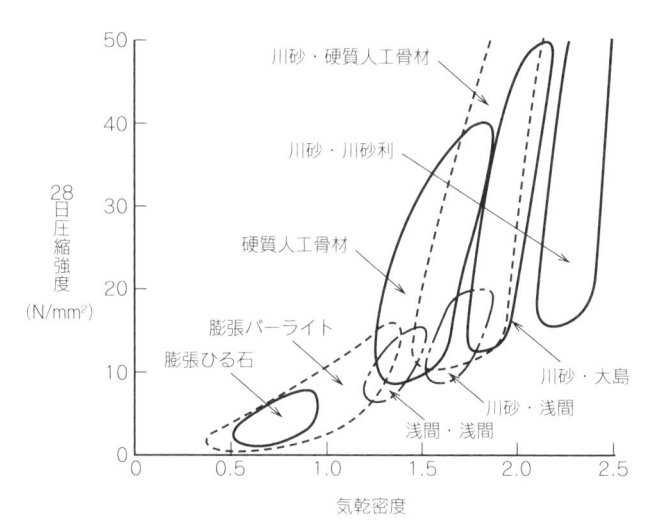

備考　それぞれ表記の骨材を用いた場合の強度，気乾密度の範囲を示す．なお，大島は大島産の粗骨材，浅間は浅間産の粗骨材（浅間・浅間とあるのは，細骨材も浅間産）を示す．

図10.2　使用骨材別コンクリートの密度と強度との関係[3]

1.5 程度以下では構造用コンクリートとして用いる強度には達しないのが現状です．すなわち，コンクリートを軽くすることは，モルタル中に気泡を導入する，多孔質の密度の小さい骨材を使用するなどによって行われるのですが，コンクリートに限らずあらゆる材料は気泡が多くなるほど，圧縮強度が低下する現象は避けられません．したがって，コンクリートの軽量化と高強度化を同時に達成することは，矛盾する命題に取り組むようなことかもしれませんが，それだけに注目を浴びているテーマともいえます．密度 1.5 で設計基準強度が 40 N/mm^2，同じく 1.0 で 20 N/mm^2 程度のコンクリートが出現すれば都市景観もずいぶんとすっきりし，都市道路高架橋などの威圧感もかなり押さえることができるのではと思われます．ポリマー，繊維などによるペースト強度の向上，コンクリート中の気泡殻の強化，人工軽量骨材の外殻を強化する技術などの開発に期待が寄せられています．

10.5　ひびわれ自癒性コンクリート

コンクリートにとって，硬化乾燥収縮及びクリープによって発生するひびわれは，鉄筋コンクリート構造物の設計において，構造物の形状や配筋を工夫することおよび，材料，配合の選択により，ある程度の防止することができても，発生をなくすことは難しいことです．そこで万が一，ひびわれが入っても，コンクリート自体が自らそのひびわれを修復することができれば，コンクリートの維持修繕が省け，ひびわれから浸入する雨水，塩分や空気などによるコンクリートの中性化や，鉄筋の腐蝕を防止することができます．これによりコンクリートの耐久性が維持できるという画期的なものです．ちょうど，樹木に傷をつけると樹液が浸出してきて被膜を形成

し，自癒するのと同じようなことをしようというアイデアを生かし，ひびわれの自癒性をもたせようとするものです．

その方法とは，マイクロカプセルに薬剤を封入して，それを混入したコンクリートで構造物を作ると，将来コンクリートにひびわれが発生した場合に，その部分にあったカプセルが破断して中身の薬剤がひびわれの部分に浸透し，コンクリートの水和物や，ひびわれに沿って浸入する水，空気などと反応・膨張してひびわれをふさぎ，硬化してひびわれ両側の接着の役割も果たすというものです．実用化にはまだまだ時間がかかるようですが非常にユニークなアイデアです．

10.6 宇宙コンクリート

スペースシャトルによる宇宙空間の無重力(厳密には地上300 kmの周回円軌道上で地表重力の約1万分の1の重力)状態における実験が数多く行われていますが，その中の一つの例として最初のスペースシャトルであるエンタープライズ号のスペースラブ(シャトルの貨物室に取り付けられた宇宙実験室)内の専用の実験容器の中で，コンクリートの練混ぜ，供試体の成型が行われました．

講演会でもその概要[4]を聞く機会を得ましたが，無重力状態(正確には極超微重力状態)であることは当然ですが，しかしスペースラブは宇宙空間における真空状態や極低温あるいは太陽光の直射からは保護されていました．実験のほうも装置の作動にトラブルがあり，用意された材料(モルタル用のセメント及び細骨材)をすべてモルタル化するまでにはいかなかったようですが，無重力下でも水和反応は支障なく進行し(環境温度は混合後19.4℃7日間，以後3日半で－7.8℃まで低下，ただし，モルタル温度の最大は26.1℃)，

部分的には硬化したサンプルを採り出すことができたようです。

　また、コンクリートを使って月面基地を造る場合などのアイデアやコストなども試算された資料[5]もあり、地球から水素さえ持ち込めば、セメント、鉄筋、骨材は現地生産が可能とされていますが、熱エネルギーは太陽熱と水素の燃焼で得るにしても、また、動力源も太陽エネルギーを利用して発電するにしても、それ自体に膨大な設備が必要となるでしょう。

　それはそれとして、材料や動力が整った場合の月面でのコンクリート作りについて考えてみることにしましょう。

　まず、次のような点の問題解決が必要となるでしょう。

① 真空中では水硬性セメントの水和に必要な水分が水和反応が進行しないうちにかなりの量が脱水してしまう。このため混合から養生に至るまでの作業工程をすべて密閉し内圧を与える必要がありますが、作ろうとするコンクリート構造物全体を覆う大きな密閉シェルターとなると、内圧に耐える覆いを作ることは技術面でも困難で、コスト面では不可能に近い。そのためその中も真空か微圧にするしかなく、結局、乾燥は防げないから、断熱・密閉型型枠でプレキャストコンクリート部材を作り、組み立てるほうが密閉しやすいと思われます。

② 月面の昼夜間の温度差(月面では昼夜がそれぞれ地球の約14.77日の間続くことになり月の1日すなわち、日出から次の日出までの期間は、地球における約29.54日間となります。また、昼は+100〜130℃に、夜は-100〜150℃程度になり、夜と昼の境では-150℃から+100℃へとほぼ数十分間で変化します。このように、月面では昼夜間の温度差が大きく、フレッシュコンクリートは、昼間は太陽熱で沸騰するほど暖められ、夜間は凍結する過酷な条件です。したがって、保温密閉型枠内

で養生するか，密閉高圧容器により太陽熱を利用してオートクレーブ養生(150℃で約5気圧)とする方法が考えられます．しかし，オートクレーブの前養生の間は断熱密閉が必要となります．

③ 真空中で骨材が絶乾となることは，さほど問題はありませんが，温度のコントロールは困難でしょう．また，水は凍結しているか沸騰しているものかのどちらかの状態になるでしょうが，真空中ではいずれにしても，後者はまたたく間に蒸発してしまうので，いずれの材料でも断熱密閉が必要と思われます．

④ オートクレーブを行わない場合の水中養生にも断熱密閉養生槽が必要でしょう．ただし，養生槽から出して真空に開放した場合には，急激にコンクリート中の水分が水蒸気となって，宇宙空間へ拡散してしまうでしょう．また，その結果急速に乾燥収縮が進行するのを防止する方法も考えねばなりません．

⑤ 月面では重力が地球の1/6程度となるため，コンクリートの比重も地球上の1/6(比重は約0.4弱)となり，大幅に部材の断面積を小さくできますが，さらに軽量コンクリートにした方が資源の消費量が少なくて済むでしょう．また，密閉容器内であれば気泡の連行も可能でしょう．ただし，月面での人工骨材の製造(発泡)が容易に行えるかどうかはわかりません．

⑥ 硬化後も②で述べた温度差(夜から昼に変る1時間あまりのうちに－150℃から＋100℃まで変化し，その温度差は250℃にも達する)の急激な変化が，1日(地球上の29.54日に当たる)に2回のペースで永久に繰り返されるわけですから，鉄筋コンクリートが果たしてそのような熱衝撃に耐えられるでしょうか．また，日照面と日陰面との著しい温度差や，コンクリートや鉄筋の熱膨張はほぼ同じでも，熱伝導率は数十倍の差があるため，

部材に大きな温度応力が発生することについても，設計上配慮すべきでしょう．

　なお，鉄筋の代わりにガラス繊維補強コンクリートとするのも一つの方法でしょう．ガラスは月の岩石と太陽炉とで容易に製造できるでしょうし，その際に発生する岩石中の結晶水を補捉すれば，練混ぜ水としても利用できます．また，真空のためにコンクリート中の水分がなくなることにより，ガラス繊維がセメントのアルカリで溶解する恐れがなくなるものと思われます．

⑦　月の重力は地球の1/6と小さくても月には大気が存在しないから，月の引力圏に突入した隕石は，途中で燃焼消失することなく，コンクリート構造物を直撃する危険が存在するので，高強度のシェルターを設けるか，地下構造物とすることも考えなければならないでしょう．ただし，月では地表から深さ数十センチメートル以下の温度は永久に$-100℃$程度ともいわれていますので，氷と鉄筋とで地下構造物を作る可能性もありそうです．

写真 10.1　月

このように考えれば考えるほど，おもしろく夢があって楽しいものです．いずれにしても，今後も月面でのコンクリートの製造についてのシミュレーションはもちろんのこと，スペースシャトル，宇宙ステーションなどでもさらに実験がなされることでしょう．

引用文献

1章
1) H. F. W. Taylor : The Chemistry of Cement, Vol. 1, 1964

2章
1) 友沢史紀　ほか：高性能減水剤の品質基準及び使用基準作成に関する研究, 建築学会学術講演集, 1988
2) 岡田清, 六車熙編：改訂新版コンクリート工学ハンドブック, 朝倉書店, p. 366, 1981

3章
1) 吉兼亨ほか：コンクリート廃棄物を用いた再生セメント及び再生コンクリート, コンクリート工学年次講演会論文集, Vol. 8, pp. 861-864, 1986. 7
2) 吉兼亨：セメントコンクリート塊の高度化再利用技術, スラリー輸送研究会建設副産物の再資源化に関するセミナー, pp. 9-14, 1992. 7
3) (社)セメント協会：セメントの常識, pp. 14, 20-21, 2002. 3
4) 米国内務省開拓局編, 近藤泰夫訳：コンクリートマニュアル(第8版), 国民科学社, p. 4, 1978
5) Duff A, Abrams : Design of Concrete Mixtures, 1918. 12, A Selection of Historic American Papers on Concrete 1876-1926, American Concrete Institute, Detroit, pp. 310-331, 1976
6) 建設省：コンクリートの耐久性向上技術の開発, 1988

4章
1) 秩父セメント：コンクリートの凝結および初期強度に関する試験例, コンクリートニース, No. 6, pp. 1-7, 1984.4
2) 小堺規行　ほか：水和熱制御混和材を添加したフライアッシュコンクリートの基礎物性, コンクリート工学年次論文報告集 Vol. 13-1, pp. 83-88, 1991

5章
1) Price, W. H. : Factors Influencing Concrete Strength, Journal of ACI, Vol. 47, pp. 417-432, 1951
2) 平松良雄　ほか：剛性試験機の設計・製作とコンクリートの剛性試験について, 材料, Vol. 24, No. 260, pp. 91-98, 1975.5
3) 小阪義夫：硬化コンクリートの性質,「コンクリート技術の基礎」, '72日本

コンクリート会議, 1972
4) 村田二郎:土木材料,「コンクリート」, pp. 119-120, 1992
5) 米倉亜州夫:水分の逸散とクリープ, コンクリート工学 小特集「硬化コンクリート中の水分の役割」, Vol. 32, No. 9, pp. 37-42, 1994.9
6) Kumar Mehta, P.: Concrete Structure, Properties, and Materials, Prentice Hall Inc., p. 96, 1986
7) 田澤栄一 ほか:水和による自己収縮, コンクリート工学 小特集「硬化コンクリート中の水分の役割」Vol. 32, No. 9, p. 26, 1994.9
8) 日本コンクリート工学協会:コンクリートのひび割れ調査, 補修, 補強指針, 技報堂, 1987.2
9) 森永 繁:鉄筋の腐蝕速度に基づいた鉄筋コンクリート建築物の寿命予測に関する研究, 東京大学学位論文, 1986
10) 和泉意登志:コンクリートの中性化速度に基づく鉄筋コンクリート造建築物の耐久設計手法に関する研究, 大阪大学学位論文, pp. 261-262, 1991.12
11) 嵩英雄 ほか:既存 RC 構造物におけるコンクリートの中性化と鉄筋腐食について(その 1~3), 日本建築学会大会学術講演梗概集, pp. 201-204, 1983.9
12) 長谷川寿夫:コンクリートの凍害危険度算出と水セメント比限界値の提案, セメント技術年報, Vol. 29, pp. 248-253, 1975, 及び 藤原忠司 ほか:凍害, 技報堂出版, pp. 111-134, 1988
13) 森野奎二, 後藤鉱蔵:反応性鉱物の種類と含有量が異なる各種骨材のアルカリ反応性, 土木学会第 43 回年次学術講演会, pp 38-39, 1988

9 章
1) 正木正広 ほか:超高層 RC 建物への期待, コンクリート工学, Vol. 26, No. 1, p. 36, 1981, 1
2) 吉兼亨 ほか:高流動コンクリートのコンシステンシー評価試験方法(その 10:スランプフロー試験のみによる評価), 日本建築学会大会学術講演梗概集(北海道), pp. 201-202, 1995.8

10 章
1) 室田達郎 ほか:New RC プロジェクトの経緯および概要, コンクリート工学, 小特集「New RC」Vol. 32, No. 10, p. 6, 1994.10
2) 斉藤俊夫:超高耐久性コンクリート, 施工, No. 291, pp. 131-132, 1990.1
3) 近藤泰夫, 坂静雄監修, コンクリート工学ハンドブック, 朝倉書店, p. 488,

1973.11
4) Mark A. B. : Slide Script For "Mixing and Curing Concrete Mortar in Microgravity Aboard The NASA Space shuttle" Japan Concrete Institute, thirtieth Anniversary Convention International Seminar on Concnete Technology. Towards the Twenty First Century, 1995.7.12
5) 金森ほか：月面コンクリートのコストスタディ，将来の宇宙活動ワークショップ 90/月面基地ワークショップ, 1990.6

索　引

【あ行】

RC 示方書　49
アウトケーブル方式　156
アジテータトラック　35,38
アスファルトコンクリート　15
圧縮応力-ひずみ曲線　101
圧縮強度　95
あて鋼版方式　156
アルカリ骨材反応　129
アルカリシリカ反応　129
アルカリシリカ反応の抑制対策　131,155
アルカリ総量　61
アルカリ炭酸塩岩反応　129
異形鋼棒　139
異形鉄筋　40
インターロッキングブロック　167
宇宙コンクリート　195
AE 減水剤　63,79
AE コンクリート　32
AE 剤　63,79,125
エトリンガイト　19
エブラムスの式　69
塩害　127
塩化物イオン　128
塩化物量　128
円柱供試体　98
エントラップドエア　32,140
応力-ひずみ　101
応力-ひずみ曲線　101
オートクレーブ養生　48,99,169
温度応力　38
温度ひびわれ　92
温度補正強度　71

【か行】

加圧養生方法　99
回収水　54
回収水の品質基準　55
界面活性剤　32
硬練りコンクリート　39,44
型枠　41
型枠の支保工　41
割線弾性係数　103
加熱養生　48
ガラス繊維　146
乾燥収縮ひずみ　111
貫入抵抗値　91
気硬性セメント　16
気硬性反応　16
吸音性コンクリート　179
凝結速度　91
凝結遅延剤　92
強度　27
空気連行コンクリート　32

クリープ　106,144
クリープ現象　106
クリープひずみ　106
クリンカー　18
クローズドリサイクリング　187
景観コンクリート　179
結合材　16
結晶　21
月面でのコンクリート作り　196
ゲル　21,129
建築工事標準仕様書　49
コアー強度　98
硬化コンクリート　28
鋼管コンクリート　40,140
鋼・コンクリート複合構造　23,141
高強度コンクリート　168
鋼材のリラクゼーション　143
高振動締固めコンクリート　44
高性能AE減水剤　63,82,172
高性能減水剤　63
鋼線　142
鋼繊維コンクリート　145,155
構造用軽量コンクリート　59
高張力鋼　143
鋼棒　142
高流動コンクリート　34,43,63,172
高炉スラグ粉末　62
骨材　28,56,57
骨材のアルカリシリカ反応性試験方法(迅速法)　131
骨材の反応性の試験　130
コンクリート　15
コンクリート標準示方書　49
コンクリート構造物の寿命　148
コンクリート中のアルカリ総量　131
コンクリートに働く応力　137
コンクリートの打込み　34,42
コンクリートの寿命　147
コンクリートの成型　34
コンクリートの体積変化　109
コンクリートの養生　47
コンクリートプレーサ　43
コンクリートポンプ　34
コンクリートポンプ車　43
コンクリートミキシングプラント　35
コンクリート用化学混和剤　64
コンクリート用骨材　56
コンクリート用混和材料　61
混合セメント　19,51
コンシステンシー　27,74,86
コンポジット舗装　177
混和剤　29,61
混和材　29,61
混和材料　29

【さ行】

細骨材　15,29,33
細骨材率　27,77
砕砂　56

再生骨材　60, 182
再生骨材の品質基準　182
再生セメント　51
再生転圧コンクリート舗装　187
砕石　56
再打法　89
材料の分離　174
材齢　28
作業性　85
C-S-H　19
シート貼付方式　156
自己収縮　109, 113, 114
自己充填コンクリート　43
JIS A 5308 レディーミクストコンクリート　49
JISマーク表示品　35
沈みひびわれ　89, 90
漆喰　17
湿潤養生　96
締固め不要コンクリート　34, 172
JASS 5 鉄筋コンクリート工事　49
砂利　56
ジャンカ　42, 140, 172
ジャンプフォーム工法　42
修正VC値　86
重質量コンクリート　108
重力式傾胴ミキサ　37
蒸気室養生　48
上水道水以外の水　54
初期弾性係数　105

初期凍害　46
シリカヒューム　62, 190
人工軽量骨材　59
浸食性物質　132
す　42, 140, 172
水硬性石灰　18
水硬性セメント　16, 18
水硬性のセメント　15
水酸化カルシウム　121
水中不分離性混和剤　63
水中養生　48
水和熱抑制剤　93
水和発熱量　51
水和反応　19
水和反応熱　51
砂　56
スライディング工法　44
スライディングフォーム工法　42, 176
スラッジ水　55
スラッジ固形分率　56
スランプ　27, 75
スランプ試験　85, 87, 88
スランプ試験方法　74
スランプ値　74
スランプフロー　27, 86, 88
スリップフォーム工法　42, 44, 175
ぜい性破壊　102, 137
静弾性係数　103
静的弾性係数　103
性能照査　73
積算温度　96

石灰モルタル　16
セグメント　144, 167
設計基準強度　28, 67, 70, 71
セメント　49
セメント鉱物　21
セメントコンクリート　15
セメント水比　28
セメント水比説　68
セメント水和物の炭酸化　121
セメント中のアルカリ量　130
セメントの化学組成　19
セメントの種類　49
セメントペースト　33
繊維補強コンクリート　23, 145
センターバリア　176
せん断強度　95
早強セメント　156
早強ポルトランドセメント　49
増粘剤　63
粗骨材　15, 28, 33
粗骨材かさ容積法　79

【た行】

第1種再生細骨材　182
第1種再生粗骨材　182
耐久性から定まる水セメント比　82
耐凍結融解抵抗性　79
耐震性能　160
耐震設計　160
耐震設計法　160
耐震補強　139, 158

体積収縮　114
耐摩耗性　134
三和土　17
耐力補強　156
単位細骨材量　81
単位水量　75
単位セメント量　79
単位粗・細骨材量　80
単位粗骨材量　81
単位体積質量　107
単位容積質量　28
単位量　27
弾性係数　103, 137
弾性係数の比　137
断熱温度上昇　98
中性化　121
中庸熱セメント　51
超硬練り高振動締固めコンクリート　190
超硬練りコンクリート　39, 44
超軽量コンクリート　60
超高強度コンクリート　62, 168
超早強セメント　49, 156
超速硬セメント　49, 156
超々高強度コンクリート　170, 190
TR　51, 186
低アルカリ形セメント　61
低アルカリ量セメント　131
低熱セメント　51, 92
鉄筋　40, 136
鉄筋コンクリート　40, 135, 136
鉄筋通過性　64, 172

鉄筋のかぶり　124
鉄骨鉄筋コンクリート　40
デュアルタイプの練混ぜ方式　37
天然骨材　56
天然セメント　18
凍害　46,124
透水性コンクリート　179
動弾性係数　105
トラックミキサ　35

【な行】

長さ変化率　112
生コンクリート　35
2段構えの練混ぜ方式　37
熱膨張係数　110,136
練混ぜ　36
練混ぜ水　29,54
練混ぜ水の品質　54

【は行】

パーシャルプレストレストコンクリート　40,144
ハーフプレキャスト工法　167
配合(調合)　27
配合設計　67
パグミルミキサ　37
バッチ式の強制撹拌ミキサ　37
バッチャープラント　35
反応性骨材　132
反応性のシリカ　129
ピアノ線(PC鋼線)　144
PC鋼線　142
PC鋼棒　40,142
PCセグメント工法　167
ひずみ量　137
引張強度　95
非反応性骨材　131
ひびわれ　115
ひびわれの自癒性　195
被膜養生剤　47
標準情報(TR)　51,186
標準水中養生　96,98
標準偏差　100
フェロセメント　136
複合コンクリート　178
普通ポルトランドセメント　49
フライアッシュ　62
プラスチック収縮ひびわれ　91
ブリージング現象　89
ブリージング抑制剤　140
ブリージング量　89
プレーンコンクリート　63
プレキャストコンクリート　167
プレストレストコンクリート　142
プレストレスト鉄筋コンクリート　40,144
フレッシュコンクリート　28,35
フレッシュジョイント　45
フロータイム　174
分離抵抗性　64,172
ペシマム量　129
変動係数　100

ポアソン比　105
放射線しゃへい用コンクリート　108
ポストパクッドコンクリート工法　186
舗装用再生路盤材　186
ポリマーコンクリート　178
ポルトランドセメント　18
ホワイトトッピング　177
ボンドクラック　103

【ま行】

曲げ強度　95
マスコンクリート　38,51
マチュリティ　96
豆板　172
ミキサ　37
水　49,54
水セメント比　28,82
水セメント比説　68
霧室養生　48
目標強度　28,67,70,71
モルタル　16

【や行】

ヤング係数　103

養生　28

【ら行】

リースの式　69
リースライン　69
リサイクルコンクリート　51,181
立方体供試体　99
リボンミキサ　38
粒度分布　57
緑化コンクリート　179
レイタンス　90
レディーミクストコンクリート　35
連行空気量　27,79,80
連続鉄筋コンクリート舗装　120
ローマンセメント　18
ローラ転圧コンクリート　44

【わ行】

ワーカビリティ　27,74,85
割増強度　71
割増強度(割増率)　28
割増係数　71

吉兼 亨
（よしかね とおる）

　　特別上級技術者(土木学会：鋼・コンクリート)
　　工学博士，技術士(建設部門)，コンクリート診断士

1954 年　　名古屋工業大学(短)土木工学科卒業
1960 年 10 月　大有建設(株)に入社以来，試験課長，研究課長，中央研究所次長，同所長，取締役中央研究所長，常務取締役同所長，同技術本部長，専務取締役，代表取締役副社長，顧問，現在に至る．
1999 年 4 月　宇部生コンクリート(株)取締役技術本部長，現在に至る．
1967～2002 年(現在)　コンクリート関連の JIS 規格の制定改正に関る．
1999～2002 年(現在)　全国生コンクリート工業組合連合会技術委員長

業績：1956～2002 年の間　セメントコンクリート，道路舗装材料，工法などの開発研究に従事，通商産業大臣賞，土木学会技術功労賞など受賞．

| コンクリートのおはなし　改訂版 | 定価：本体 1,500 円（税別） |

1996 年 12 月 10 日	第 1 版第 1 刷発行
2002 年 6 月 28 日	改訂版第 1 刷発行
2005 年 5 月 13 日	第 2 刷発行

著　者　　吉　兼　　　亨

発行者　　坂　倉　省　吾

発行所　　財団法人　日本規格協会

権利者との協定により検印省略

☎107-8440　東京都港区赤坂 4 丁目 1-24
　　　　　電話（編集）(03) 3583-8007
　　　　　http://www.jsa.or.jp/
　　　　　振替　00160-2-195146

印刷所　　三美印刷株式会社

© Yoshikane Tooru, 2002　　　　　　　Printed in Japan
ISBN4-542-90253-6

当会発行図書，海外規格のお求めは，下記をご利用ください．
　普及事業部カスタマーサービス課：(03) 3583-8002
　書店販売：(03) 3583-8041　　注文ＦＡＸ：(03) 3583-0462